三维动画制作

——3ds Max 2021 案例教程

主　编　王一方　宁　曦　李　瑞

副主编　高祖彦　向玉玲　赵　唯

　　　　郑心怡

参　编　蒋兆龙　马美玲　殷　铭

　　　　谭　祎　吴冰清

西安电子科技大学出版社

内 容 简 介

本书按照教育部《"十四五"职业教育规划教材建设实施方案》中对职业教育教材的新要求，以工作手册式的形式编写而成，既从专业的角度讲解了三维动画制作从入门到提高的实操案例，又从未来就业的角度总结了行业的常用案例，并按照技术技能人才成长特点和教学规律对学习任务进行了有序排列。

本书详细解析了 30 个动画制作案例的操作流程，涵盖了三维动画制作中常见的动画制作技术及难点与要点，通过详细的步骤解析帮助读者掌握三维动画制作的基本技能。书中的案例也可供实际工作参考。

本书可作为中、高等职业技术学校三维动画、数字媒体艺术、影视特效、游戏设计、建筑设计、室内设计、虚拟现实等专业的教材，也可作为动画制作爱好者的学习参考书。

图书在版编目 (CIP) 数据

三维动画制作：3ds Max 2021 案例教程 / 王一方，宁曦，李瑞主编 . -- 西安：西安电子科技大学出版社，2025. 2. -- ISBN 978-7-5606-7566-4

Ⅰ. TP391.414

中国国家版本馆 CIP 数据核字第 20254ZT610 号

策　　划　　杨丕勇
责任编辑　　杨丕勇
出版发行　　西安电子科技大学出版社 (西安市太白南路 2 号)
电　　话　　(029) 88202421　88201467　　　　邮　　编　　710071
网　　址　　www.xduph.com　　　　　　电子邮箱　　xdupfxb001@163.com
经　　销　　新华书店
印刷单位　　广东虎彩云印刷有限公司
版　　次　　2025 年 2 月第 1 版　　2025 年 2 月第 1 次印刷
开　　本　　787 毫米 × 1092 毫米　　1/16　　印 张　15
字　　数　　354 千字
定　　价　　46.00 元

ISBN 978-7-5606-7566-4

XDUP 7867001-1

*** 如有印装问题可调换 ***

前　言

随着计算机技术的不断普及和各种设计工具软件的出现，设计工作已经从以前的手绘草图发展到今天普遍使用设计软件进行电子设计，3ds Max 正是其中一个重要的软件工具。3ds Max 是一款备受赞誉的三维动画和建模软件，为用户提供了强大的创作工具和无限的创作可能性。

3ds Max 现已被广泛运用于影视特技、电视广告、栏目包装、建筑表现和漫游动画、动画短片制作及游戏制作等领域。本书编者具有十余年的 3ds Max 使用经验，随着对其了解得越深入，就越发现其魅力无穷。为了帮助读者熟练掌握 3ds Max 的操作技巧，满足广泛的创作需求，并将其应用到实际工作中，我们按照国家对"十四五"教材的新要求，采用工作手册的编写形式，结合编者多年的教学经验编写了本书。目前，市面上、网络上已有足够丰富的讲授模型、材质、贴图、渲染等环节的教材，却少有体系讲解动画制作的教材，本书把重点放在三维动画的制作方面，就是为了填补这一空白。

本书具有如下特色：

(1) 突出操作性。本书详细地讲解了使用 3ds Max 进行动画制作的命令及操作工具、基本技巧和方法等基础知识，将知识点有针对性地放入一个或者多个操作实例中，以帮助读者熟悉并巩固所学知识。本书共包含 30 个动画制作案例，通过手把手的案例教学、步骤拆分，让读者能够跟着本书的步骤进行实战演练、模仿操作，使学习效率更高。

(2) 突出可视性。本书的 30 个动画制作案例均配套了讲解视频和工程文件，涵盖了全书基础知识和实例操作，读者可以扫描二维码在线观看教学视频，也可以从计算机端下载观看教学视频，使学习轻松高效。

(3) 突出实用性。本书实用性很强，采用分步教学及循序渐进的讲解方式，使读者可以很轻松地掌握 3ds Max 各方面的知识，并能够为顺利地进入相关专业领域打下良好的基础。同时，本书在安排各章内容和案例时严格控制篇幅和案例的难易程度，从而能很好地适应教学需要。

本书可作为中、高等职业技术学校以及各类计算机教育培训机构的专用教材及相关技能大赛用书，也可供广大初、中级动画制作爱好者自学使用。

本书由王一方、宁曦、李瑞担任主编，高祖彦、向玉玲、赵唯、郑心怡担任副主编，蒋兆龙、马美玲、殷铭、谭祎、吴冰清参与编写。

特别要感谢武汉零点数字文化发展有限公司总经理蒋兆龙先生，他从企业、用户和读者视角出发，为本书的编写提供了宝贵的意见，让编者在编写案例的过程中能够充分考虑市场需求、回应读者期待，使得本书更具实用价值。

尽管我们在编写本书时力求完善，但因水平有限，书中可能还有一些不足之处，欢迎广大读者批评指正。

编　者

2024 年 10 月

目 录

第 1 章　三维动画制作基础和软件介绍

1.1　三维动画制作流程

1. 三维动画制作

三维动画较其他类型动画在制作流程上有着较大差异，通常将三维动画制作大致分为以下 7 个步骤：

(1) 剧本创作。

(2) 角色设计、场景设计。

(3) 根据设计稿建立模型，然后赋予材质贴图。

(4) 模型绑定、骨骼绑定。

(5) 动画制作、特效制作。

(6) 配音配乐。

(7) 渲染合成。

就动画制作技术本身而言，又可以将三维动画制作分为两个部分：有动画的部分和没有动画的部分。

要制作出高品质的三维动画，需要掌握丰富的知识并具备相应的技能。三维动画的制作原理涉及计算机图形学、物理学、数学等多个领域。首先，计算机通过三维动画软件创建一个虚拟的三维空间和时间轴；然后，在这个虚拟时空中，建造所要表达的对象的数字模型，每个数字模型都是由点、线、面等基本单元构成的；接下来，创建预设的环境效果，与数字模型形成主体和客体的互动，用软件的算法建立这个虚拟时空中各个对象之间的相互关联关系，这个阶段包括为数字模型添加材质和贴图，使其看起来更接近预设的效果；最后，当所有预设的对象和环境都制作好了之后，就可以开始动画的制作了。在时间轴上打开关键帧记录，让动画在每一个关键节点都能保证达到制作者的要求，同时让软件能自动补足两个关键帧之间的插值，这也是三维动画软件最大的优势。注意，虽然三维动画可以高度模拟真实世界，但随着对动画品质要求的提高，对制作过程中逻辑思维的严密性、操作的准确性和实现效果的复杂程度的要求也会越来越高。

2. 三维动画制作流程

动画制作是三维动画制作过程中的关键部分，一般分为以下 4 个步骤：

(1) 按照分镜头脚本或动态故事板提出的动画要求进行细化，确定当前镜头中所有需要制作动画的部分，并明确动画效果。

(2) 提出设计思路，由主到次、由难到易地明确说明每个动画部分的制作思路。

(3) 列举动画制作的技术要点、难点，并说明解决思路和操作步骤。

(4) 根据设计思路逐步实施动画制作。

1.2　3ds Max 软件介绍

1. 软件发展历史

3ds Max 最早于 1996 年发布，定名为 3D Studio MAX 1.0，从命名来看就很直白地表明了这就是一款把游戏动画、影视特效、CG 动画制作作为主攻领域的三维动画制作软件。在发布了 3 个版本后，更名为 Discreet 3ds Max，并继续发布了 4 个版本。2005 年 Kinetix 和 Discreet Logic 公司合并组成 Autodesk 公司的一个分部，此后至今的所有版本全部按照"Autodesk 3ds Max + 年份"的格式命名。

3ds Max 因其易用性和多年的行业积累，已然成为全世界使用者最多的三维动画软件，其数字资产和与其他软件的接口也是最丰富的。同时由于其长年的行业影响力，在其他新开发的三维软件的底层架构上，也多少会看见 3ds Max 的影子，学好了 3ds Max 再去学习其他三维软件时知识平移更快、上手也更轻松，这也是编者选择 3ds Max 作为教学软件的原因。

2. 行业应用及对应岗位

3ds Max 的行业应用及对应岗位如下。

(1) 游戏开发：搭建游戏场景，创建游戏角色，调整角色动画，制作场景技能特效等；对应岗位有场景设计师、角色设计师、动画师、特效师等。

(2) 影视制作：电影、电视剧等影视制作的前期分镜头、动态故事板制作，对大型实拍镜头做预拍摄、后期特效制作，包括动态捕捉、虚拟角色、三维特效、合成特效等；对应岗位有动捕动画师、高级模型师、高级动画师、三维特效师、合成师等。

(3) Virtual Reality(VR，虚拟现实) 和 Augmented Reality(AR，增强现实)：为 VR 和 AR 创建三维虚拟场景，预置角色动画，预置场景动画、互动动画、反馈动画等；对应岗位有场景模型师、场景动画师、角色模型师、角色动画师、VR/AR 主美、VR/AR 工程师、VR/AR 项目经理等。

(4) 建筑设计：根据 CAD 图纸创建建筑模型、室内外环境模型和空间布局的三维场景搭建，影视动画渲染，交互式演示等；对应岗位有三维建模工程师、建筑三维动画师、三维设计师、主创建筑设计师等。

(5) 工业设计：创建工业产品如汽车、飞机、家电、航空器、各类机械等的三维模型并制作符合运动学规律的动画；对应岗位有三维工业动画师、工业设计方向三维建模师、三维设计师等。

(6) 艺术设计：可以使用 3ds Max 进行数字雕塑、动画创作、虚拟艺术设计等。

(7) 教育：可以使用 3ds Max 对与三维设计有关的课程进行讲解、教学、练习，也可使用 3ds Max 进行示范、测验等。

3. 软件界面介绍

根据主要功能，3ds Max 软件的基础界面可分为 10 个区域，如图 1-1-1 所示。

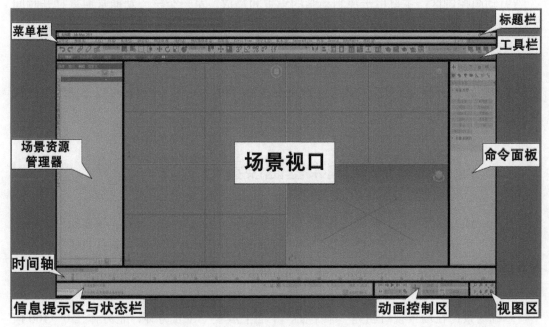

图 1-1-1

(1) 标题栏：显示当前项目的名称及软件的版本号。

(2) 菜单栏：包含了软件中所有的功能模块。如果启用专家模式，软件界面中只会保留菜单栏和时间轴。

(3) 工具栏：将常用的工具按钮放置在方便单击的位置，如果安装插件，插件的按钮也会显示出来。

(4) 场景资源管理器：会将场景中的所有对象全部纳入，用户可以按照对象的不同类型进行选择、调用、隐藏、筛选等操作。熟练地使用场景资源管理器会大大提升软件的使用效率。

(5) 场景视口：位于整个软件界面的中心位置，是软件操作的核心区域。可在透视视口、前视视口、顶视视口、左视视口和最大化当前视口之间进行快速切换。

(6) 命令面板：是软件的核心工作区，大部分的建模和动画工作都可以通过命令面板完成。命令面板集成了软件中大多数的功能与参数控制项目，包括创建、修改、层级、运动、显示和实用程序 6 个子面板，使用这些面板可以完成模型、动画、绑定等精细调整的功能。

(7) 时间轴：是显示设置动画关键帧的重要工具。通过用不同类型的关键帧和软件运算生成的插值，来展示用户制作的动画或场景中事件的发生过程。在时间轴上，时间滑块可以用来移动动画帧，直观地反映用户设置的各类关键帧和算法生成的关键帧，可以让用户调整帧的时间、缩放由帧构成的时间范围等。

(8) 信息提示区与状态栏：信息提示区位于界面右下方，显示软件视图中的操作提示、状态提示、系统提示等文本信息，方便用户快速了解当前操作的相关信息。状态栏显示当前选定对象的类型、数目、变换值和栅格数目等信息。状态栏还可以根据当前光标位置和当前程序活动提供动态反馈信息，帮助用户更好地了解当前操作的状态和效果。

(9) 动画控制区：主要用于控制动画的设置和播放。第一个核心功能是通过打开时间配置来调整帧速率、播放速率、时间轴显示长度等关键基础设置；第二个核心功能是设置自动关键帧开关和关键帧按钮。

(10) 视图区：主要用于调整视图中物体的显示状况。该区域有缩放、平移、旋转视口等操作按钮，也有最大化视口切换、环绕透视图等按钮，利用这些按钮可以方便地进行视图操作，方便观察动画效果。

1.3　渲染基础设置与合成

在 3ds Max 软件中，对制作的场景、动画等内容可以进行实时观察、调整操作，但不能直接输出为 mp4、mpg 等视频格式，同时为了保证输出作品的效果，软件自带了多种渲染器供选择，我们选用扫描线渲染器这种最常规的渲染器进行基础设置。

1. 扫描线渲染器、标准灯光及标准材质

基础场景：在场景视口创建一个平面，平面上放置一个正方体，正方体在 0~100 帧的时间里顺时针旋转一圈，动画速率为 25 fps(frame per second，帧每秒)。

步骤 1　打开基础场景，如图 1-3-1 所示。

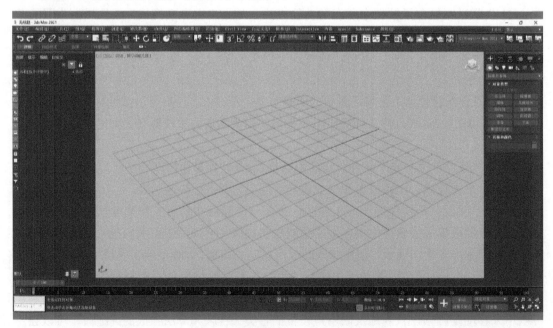

图 1-3-1

步骤 2　在【命令面板】中单击【创建面板】→单击【灯光卷展栏】→在下拉菜单中选择【标准】→在【对象类型】中选择【天光】→拖入场景视口中创建 Sky001，如图 1-3-2 所示。

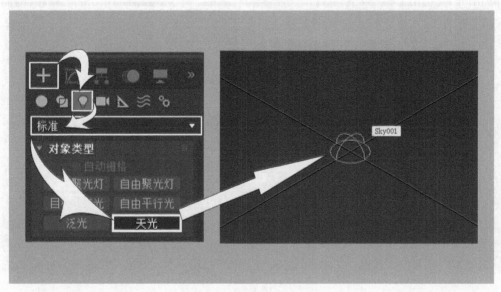

图 1-3-2

步骤 3　在【工具栏】中选择【渲染设置】或使用快捷键 F10→在下拉菜单中选择【扫描线渲染器】→在【高级照明】下拉菜单中选择【光跟踪器】，如图 1-3-3 所示。

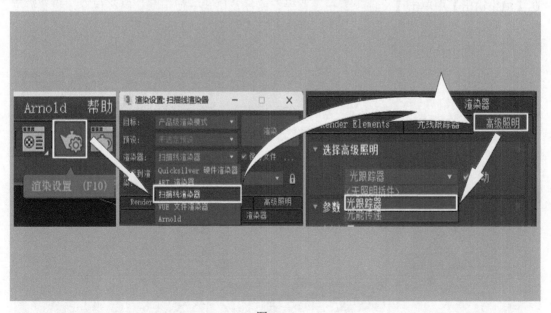

图 1-3-3

步骤 4　在【工具栏】中选择【材质编辑器】或按快捷键 M→在【材质 / 贴图浏览器】中找到【材质】→单击【扫描线】→双击【标准 (旧版)】，调整材质的漫反射颜色参数后选中场景视口中的 Box001，然后在【材质面板】上单击鼠标右键，执行【将材质指定给选定对象】命令，如图 1-3-4 所示。

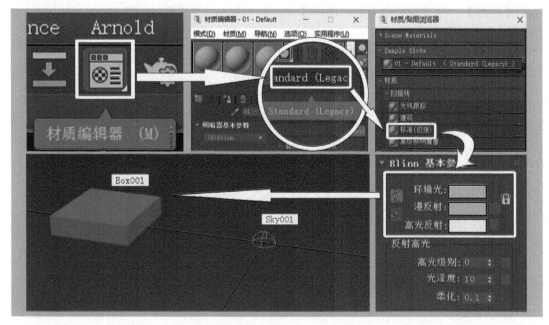

图 1-3-4

步骤 5　在【工具栏】中选择【渲染设置】或按快捷键 F10→在【公用参数】栏的【时间输出】中选择【活动时间段】→在【输出大小】中设置【宽度：1280】、【高度：720】→在【渲染输出】中单击【文件 ...】→设置保存路径及格式→使用默认路径保存，设置好文件名，将保存类型设置为 JPEG 文件，将弹出的【图像控制】面板质量调整到最佳并单击【确定】，如图 1-3-5 所示。

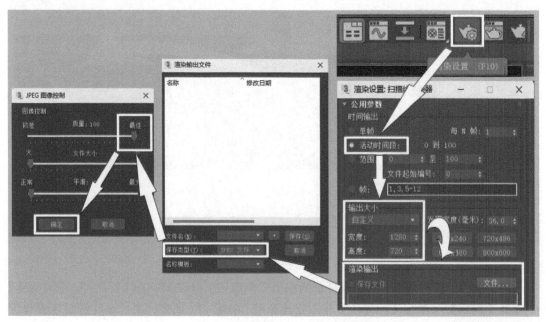

图 1-3-5

步骤 6　在【工具栏】中选择【渲染产品】或使用快捷键 Shift + Q 开始渲染动画。

2. 序列帧合成

从 3ds Max 软件中渲染的结果是以连续的图片形式呈现的，称为序列帧。要将这个结构转化为视频，就需要将序列帧导入到 After Effects(AE) 等视频类软件中合成。

步骤 1　打开 AE 软件→单击【新建项目】→单击【新建合成】→在【合成设置】中设置【预设：HDTV 1080 25】→【帧速率：25】、【持续时间：3s】→单击【确定】→右键单击项目栏空白处→单击【导入】刚才保存的序列帧→使用快捷键 Ctrl + A 全选→勾选【Importer JPEG 序列】→单击【导入】，如图 1-3-6 所示。

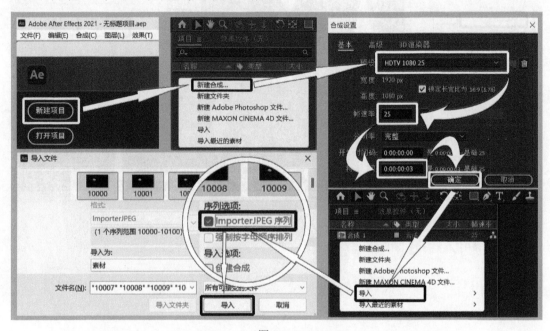

图 1-3-6

步骤 2　左键按住导入的素材→拖入【合成 1】，如图 1-3-7 所示。

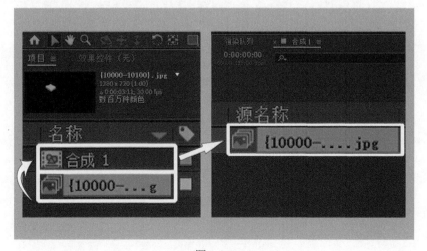

图 1-3-7

步骤3　单击【合成】→选择【预渲染…】→选择【输出模块】→设置【格式：AVI】→单击【确定】→选择【输出到】合适的位置→单击【保存】→单击【渲染】，如图1-3-8 所示。

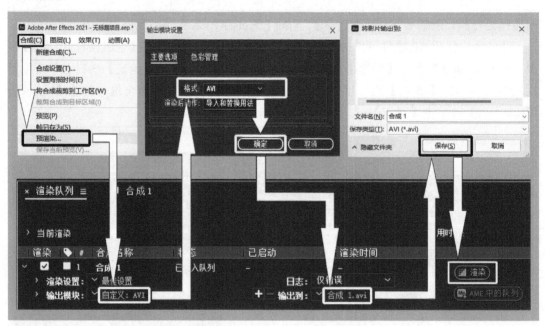

图 1-3-8

第 2 章 三维动画制作案例

2.1 机械动画案例制作

案例 1 简单动画制作（移动、旋转、缩放）

步骤 1 创建几何体。在【命令面板】中选择【创建】→在【标准基本体】中单击【长方体】→在场景视口创建 Box001，如图 2-1-1 所示。

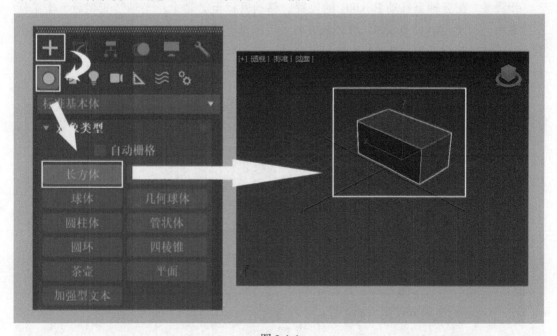

图 2-1-1

步骤 2 XYZ 轴归零。选中 Box001→在【工具栏】中单击【选择并移动】→鼠标右键单击【信息提示区与状态栏】中的上下箭头位置，将 X 轴、Y 轴、Z 轴数值归零，如图 2-1-2 所示。

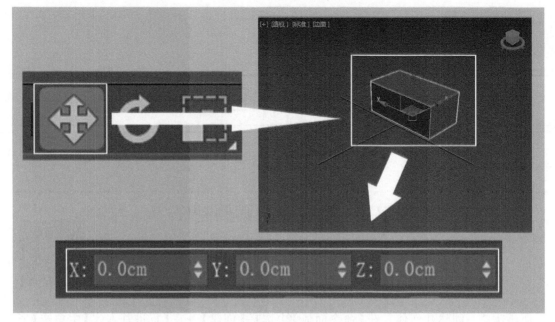

图 2-1-2

步骤 3　在 Z 轴上移动 Box001 的位置。移动鼠标至 Z 轴上，当轴线变亮后单击鼠标左键选中→移动鼠标使 Box001 沿 Z 轴方向上下移动→【信息提示区与状态栏】的 Z 轴数值也随着移动变化，如图 2-1-3 所示。

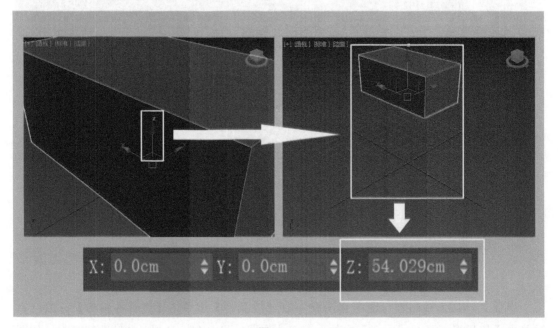

图 2-1-3

步骤 4　在 X 轴上移动 Box001 的位置。移动鼠标至 X 轴上，当轴线变亮后单击鼠标左键选中→移动鼠标使 Box001 沿 X 轴方向上下移动→【信息提示区与状态栏】的 X 轴数值也随着移动变化，如图 2-1-4 所示。

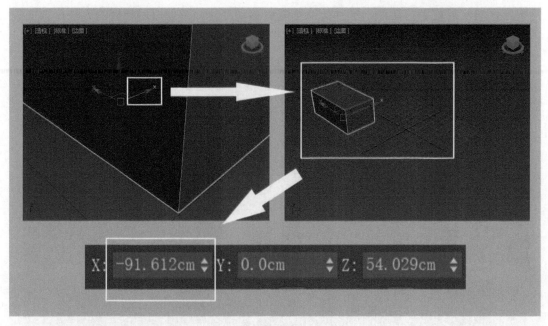

图 2-1-4

　　步骤 5　在 Y 轴上移动 Box001 的位置。移动鼠标至 Y 轴上，当轴线变亮后单击鼠标左键选中→移动鼠标使 Box001 沿 Y 轴方向上下移动→【信息提示区与状态栏】的 Y 轴数值也随着移动变化，如图 2-1-5 所示。

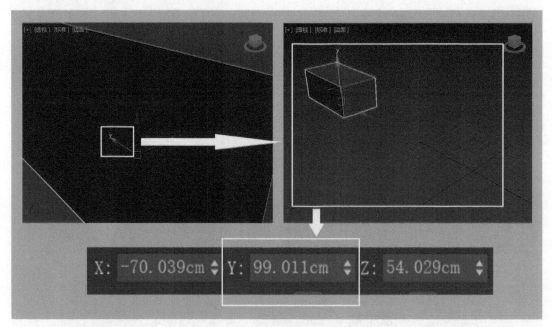

图 2-1-5

　　步骤 6　两轴移动。在顶视图中，移动鼠标至 X 轴、Y 轴所夹的方框，当方框变亮后单击鼠标左键选中→移动鼠标使 Box001 在 X 轴、Y 轴所构成的平面上下左右移动→【信息提示区与状态栏】的 X 轴、Y 轴数值也随着移动变化。同理，用相同的方法可以实现被选中对象在透视视口中 XZ、YZ 平面上的平移，如图 2-1-6 所示。

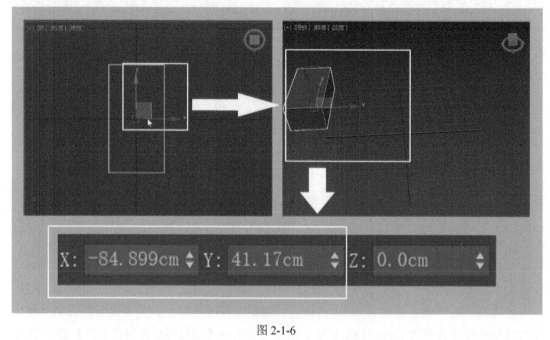

图 2-1-6

步骤 7　三轴移动。在透视视口中，移动鼠标至坐标轴原点的正方形→单击鼠标左键选中→移动鼠标使 Box001 在视口中上下左右前后移动→【信息提示区与状态栏】的 X 轴、Y 轴、Z 轴数值也随着移动变化，如图 2-1-7 所示。

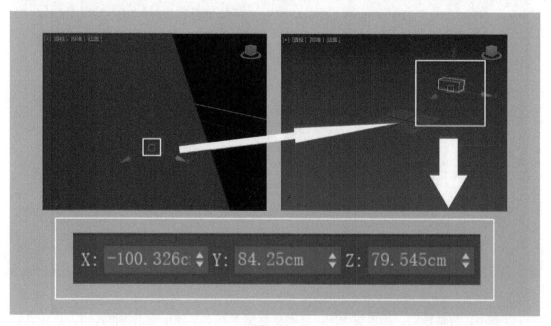

图 2-1-7

步骤 8　重复步骤 2，在【信息提示区与状态栏】中将 Box001 的 X 轴、Y 轴、Z 轴数值归零，如图 2-1-8 所示。

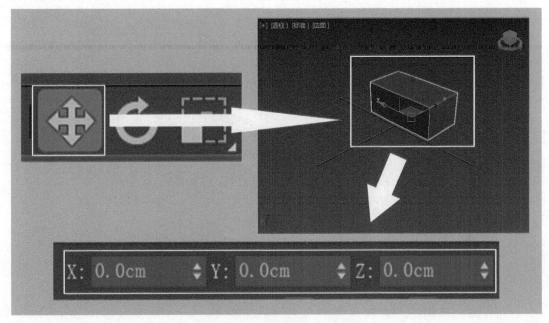

图 2-1-8

　　步骤 9　旋转。选中 Box001→在【工具栏】中单击【选择并旋转】→移动鼠标至任意旋转轴，当旋转轴变亮后单击鼠标左键选中→移动鼠标即可旋转（旋转是绕着轴点旋转），如图 2-1-9 所示。

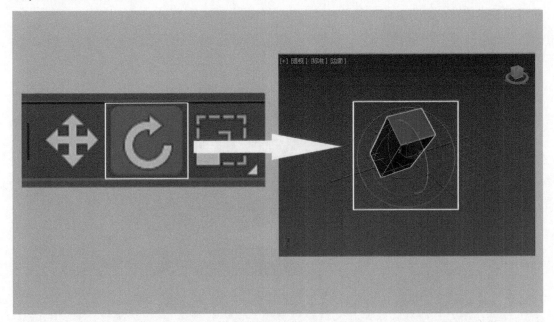

图 2-1-9

　　步骤 10　修改轴点。选中 Box001→在【工具栏】中单击【选择并旋转】→在【命令面板】中选择【层次】→单击【轴】，在【调整轴】的【移动 / 旋转 / 缩放】中单击【仅影响轴】→在【对齐】中单击【居中到对象】，如图 2-1-10 所示。

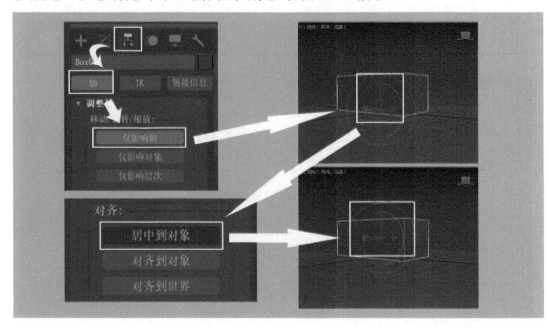

图 2-1-10

步骤 11　旋转轴点。选中 Box001→在【工具栏】中单击【选择并旋转】→在【命令面板】中选择【层次】→单击【轴】，在【调整轴】的【移动 / 旋转 / 缩放】中单击【仅影响轴】→移动鼠标至需要调整的旋转轴，当旋转轴变亮后单击鼠标左键选中→移动鼠标即可调整旋转轴，如图 2-1-11 所示。

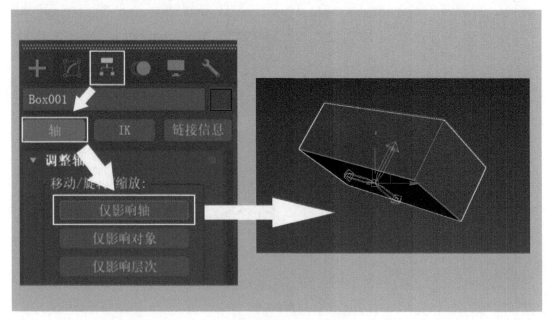

图 2-1-11

步骤 12　整数旋转。在【工具栏】中单击开启【角度捕捉切换】→选中 Box001 并在【工

具栏】中单击【选择并旋转】→移动鼠标至需要旋转的旋转轴→选中并移动鼠标，Box001
将沿选定轴按照按 5°的整数倍角度进行旋转 (右键单击【角度捕捉切换】可调整角度数
值)，如图 2-1-12 所示。

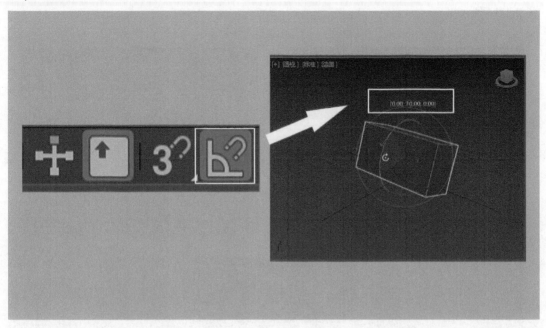

图 2-1-12

步骤 13 XYZ 轴归零。选中 Box001→在【工具栏】中单击【选择并旋转】→使用鼠
标右键单击【信息提示区与状态栏】中的上下箭头位置，将 X 轴、Y 轴、Z 轴数值归零，
如图 2-1-13 所示。

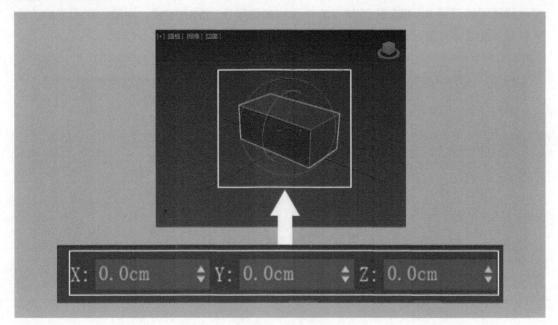

图 2-1-13

步骤 14　缩放。选中 Box001→在【工具栏】中单击【选择并均匀缩放】(鼠标左键长按可选择另外两种缩放方式)→移动鼠标至 Z 轴上，当轴线变亮后单击鼠标左键选中→移动鼠标可使 Box001 在 Z 轴上缩放。同理，可使被选中的对象在 X 轴、Y 轴上缩放，如图 2-1-14 所示。

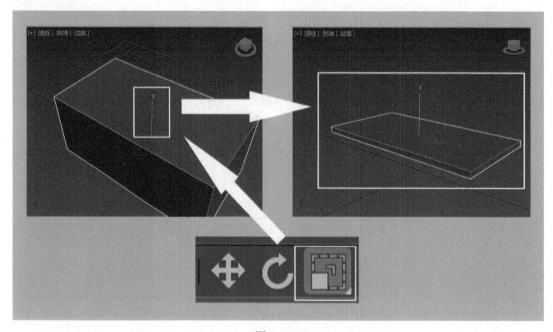

图 2-1-14

步骤 15　两轴缩放。在顶视图中选中 Box001→在【工具栏】中单击【选择并均匀缩放】→移动鼠标至 X 轴、Y 轴所夹的等腰梯形区域，当梯形区域变亮后单击鼠标左键选中→移动鼠标可使 Box001 在 X 轴、Y 轴所构成的平面方向上缩放。同理，用相同的方法可以实现被选中对象在透视视口中 XZ、YZ 平面上的缩放，如图 2-1-15 所示。

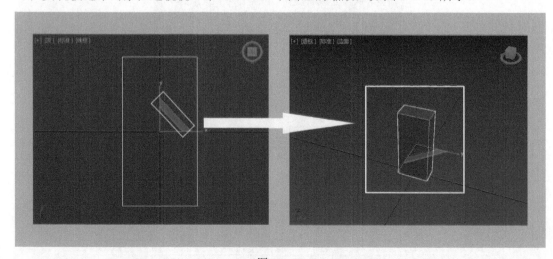

图 2-1-15

步骤 16　三轴缩放。选中 Box001→在【工具栏】中单击【选择并均匀缩放】→移动鼠标至坐标轴原点的三角形区域，当三角形区域变亮后单击鼠标左键选中→向任意方向移动鼠标，可以实现 Box001 的等比例缩放，完成案例制作，如图 2-1-16 所示。

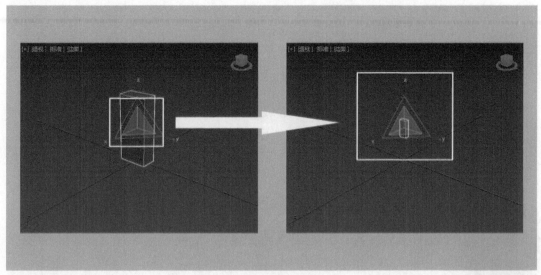

图 2-1-16

案例 2 曲线编辑器

步骤 1 创建平面，XYZ 轴归零。在【命令面板】中选择【创建】→在【标准基本体】中单击【平面】→在场景视口中创建 Plane001 并设置参数【长度：400】、【宽度：400】→在【工具栏】中单击【选择并移动】→使用鼠标右键单击【信息提示区与状态栏】中的上下箭头位置，将 X 轴、Y 轴、Z 轴数值归零，如图 2-1-17 所示。

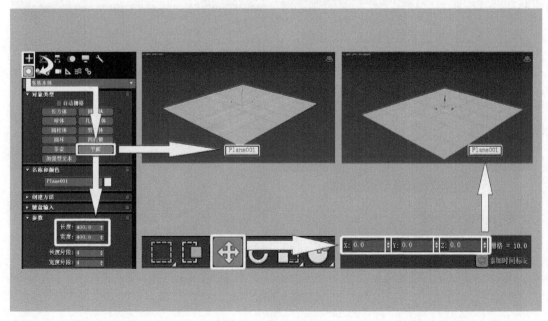

图 2-1-17

步骤 2　创建几何体。在【命令面板】中选择【创建】→在【标准基本体】中单击【长方体】→在场景视口中创建 Box001，如图 2-1-18 所示。

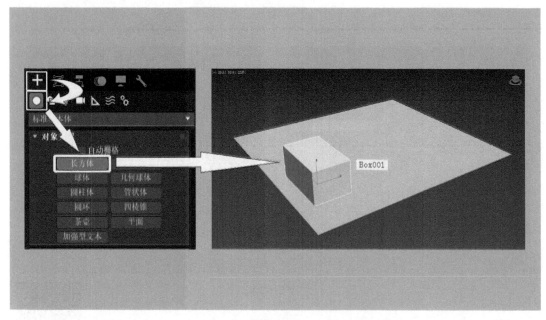

图 2-1-18

步骤 3　修改播放设置。在【动画控制区】使用鼠标右键单击【播放动画】→打开【时间配置】→在【帧速率】中选择【PAL】，在【动画】中设置【结束时间：100】→单击【确定】，如图 2-1-19 所示。

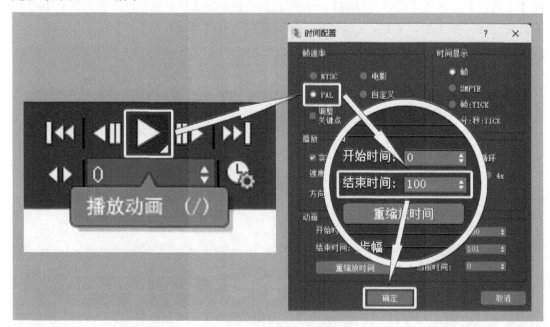

图 2-1-19

步骤 4　设置关键帧。选中 Box001→在【工具栏】中单击【选择并移动】→在时间轴上确认【时间滑块】在第 0 帧→在【动画控制区】中单击【自动】打开自动关键点→移动【时间滑块】至第 100 帧→在场景视口中移动 Box001 的 X 轴到平面的另一端,时间轴上第 0 帧和第 100 帧处会自动生成一个关键帧→在【动画控制区】中再次单击【自动】关闭自动关键点→单击【播放动画】播放视口动画,如图 2-1-20 所示。

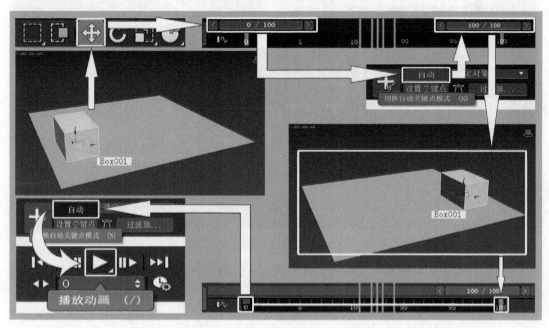

图 2-1-20

步骤 5　打开曲线编辑器。选中 Box001→在【菜单栏】中选择【图形编辑器】→在列表中单击打开【轨迹视图 - 曲线编辑器】,如图 2-1-21 所示。

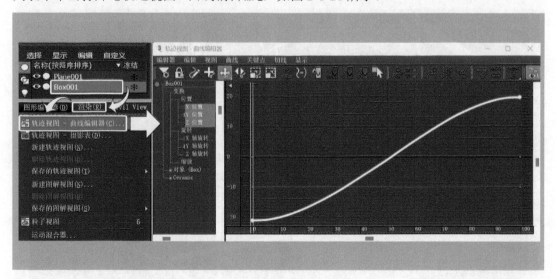

图 2-1-21

步骤 6　复制几何体。选中 Box001→在【工具栏】中单击【选择并移动】→使用鼠标左键选中 Y 轴并按住 Shift 键,移动鼠标打开【克隆选项】→设置【对象】为【复制】、

【副本数：1】，单击【确定】→创建与 Box001 在大小、颜色、运动方式等方面完全一样的长方体 Box002，如图 2-1-22 所示。

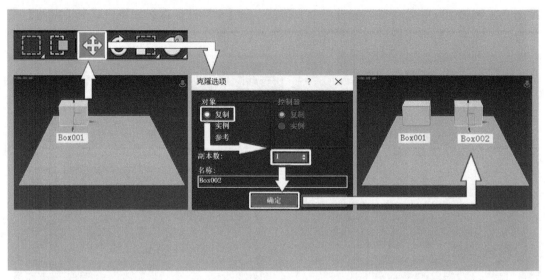

图 2-1-22

　　步骤 7　调整运动曲线。选中 Box002 并打开【曲线编辑器】→在左侧列表的【位置】层级下选中【X 位置】，右侧轨迹视口中将只显示 Box002 的在 X 轴方向上的运动曲线→选中运动曲线的首尾两点，单击【将切线设置为快速】改变原运动曲线→在【动画控制区】中单击【播放动画】→Box002 和 Box001 会出现起点、终点一样但运动过程不同的动画效果。同理，在【曲线编辑器】中更改曲线曲度可得到更多运动过程不同的动画效果，如图 2-1-23 所示。

图 2-1-23

步骤 8　曲线修改。运动曲线上可以选择并修改的点就是时间轴上的动画关键点。选中【Box001】→打开【轨迹视图 - 曲线编辑器】并在左侧列表的【位置】层级下选中【X位置】，在轨迹视口中选中关键点→单击【将切线设置为线性】，将 Box001 的运动过程修改为匀速直线运动→选中第 100 帧处关键点→单击【将切线设置为慢速】→在【动画控制区】中单击【播放动画】观看动画效果，如图 2-1-24、图 2-1-25 所示。

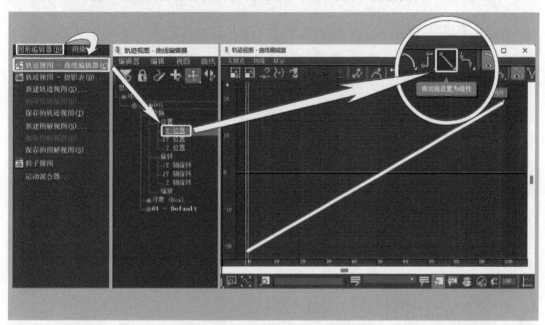

图 2-1-24

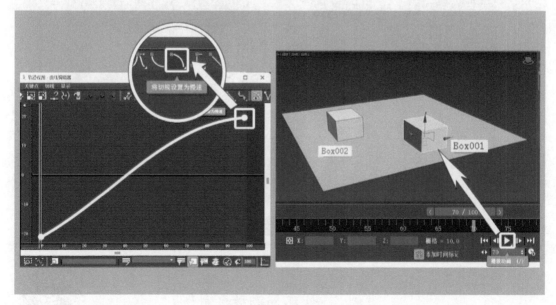

图 2-1-25

步骤 9　修改两点。选中【Box002】，选中第 0 帧和第 100 帧两处关键点→单击【将切线设置为慢速】→在【动画控制区】中单击【播放动画】→单击【将切线设置为样条线】，打开切线手柄→单击移动切线手柄,修改运动曲线→在【动画控制区】中单击【播放动画】,观察 Box002 调整曲线后的运动效果,完成案例制作,如图 2-1-26、图 2-1-27 所示。

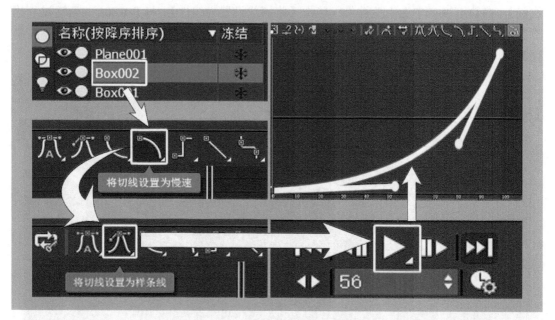

图 2-1-26

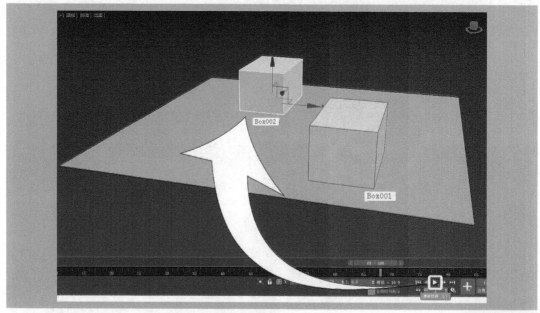

图 2-1-27

案例 3　小球弹跳动画制作

步骤 1　创建平面。在【命令面板】中选择【创建】→在【标准基本体】中单击【平面】→在场景视口中创建 Plane001 并调整参数,如图 2-1-28 所示。

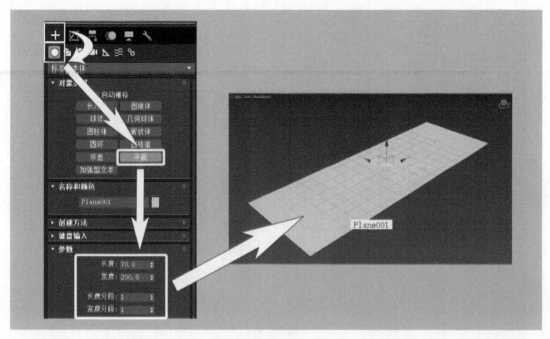

图 2-1-28

步骤 2　XYZ 轴归零。在【工具栏】中单击【选择并移动】→使用鼠标右键单击【信息提示区与状态栏】中的上下箭头位置，将 X 轴、Y 轴、Z 轴数值归零，如图 2-1-29 所示。

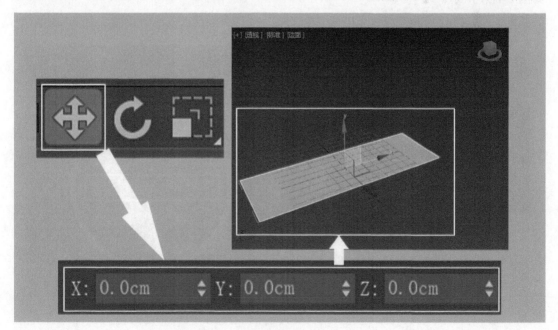

图 2-1-29

步骤 3　创建小球。在【命令面板】中选择【创建】→在【标准基本体】中单击【球体】→在场景视口中创建 Sphere001→单击【选择并移动】→调整小球至 Plane001 上方，如图 2-1-30 所示。

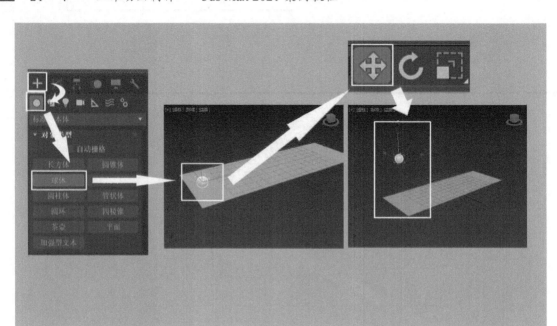

图 2-1-30

步骤 4　修改播放设置。在【动画控制区】中右键单击【播放动画】→打开【时间配置】→在【帧速率】中选择【PAL】,在【动画】中设置【结束时间：100】→单击【确定】,如图 2-1-31 所示。

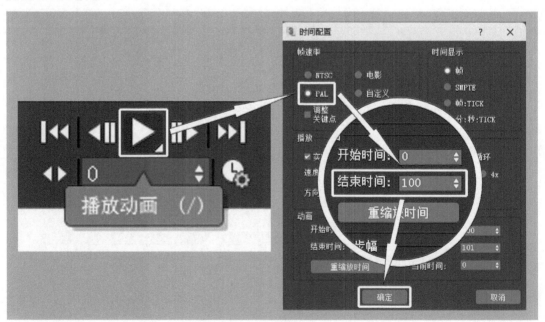

图 2-1-31

步骤 5　创建小球弹跳路径。在【动画控制区】中单击【自动】打开自动关键点→将【时间滑块】移动到第 5 帧→选中 Sphere001→将小球先在垂直方向向下移动,与平面接触,然后在水平方向向右移动,如图 2-1-32 所示。

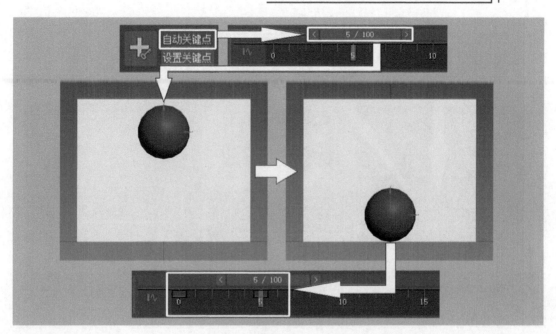

图 2-1-32

步骤 6 查看运动路径。在【命令面板】中选择【运动】→在【选择级别】中单击【运动路径】，如图 2-1-33 所示。

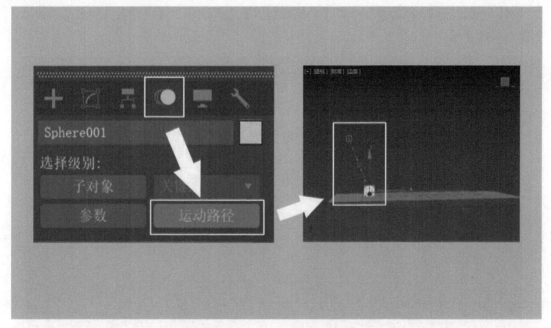

图 2-1-33

步骤 7 制作小球关键点的关键帧。将【时间滑块】移动到第 80 帧→选中 Sphere001 并移动至平面另一端→再将【时间滑块】移动到第 20 帧→在【动画控制区】单击【设置关键点】→同理，在第 35、50、65 帧的位置设置关键点，如图 2-1-34 所示。

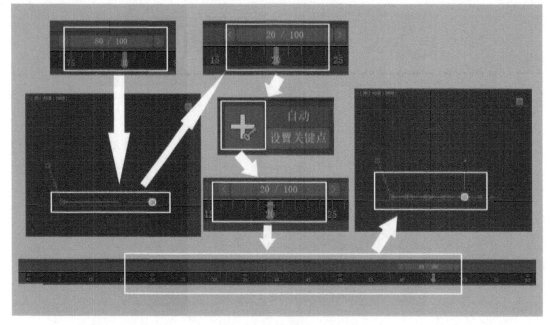

图 2-1-34

步骤 8　制作小球弹跳。将【时间滑块】移动到第 20 帧的位置→选中 Sphere001 并将小球向上移动，但不超过初始高度→再将【时间滑块】移动到第 50 帧的位置→将小球向上移动，不超过第 20 帧的高度→在【动画控制区】中再次单击【自动】关闭自动关键点，如图 2-1-35 所示。

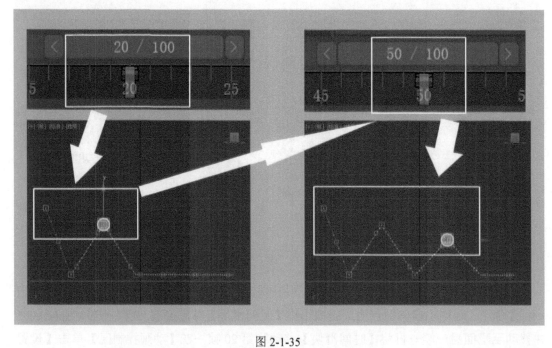

图 2-1-35

步骤 9　编辑曲线运动轨迹。选中【Sphere001】→在【菜单栏】中选择【图形编辑器】→在列表中单击【曲线编辑器】→单击选中【Z 位置】→框选所有关键点→单击【将切线设置为慢速】，如图 2-1-36 所示。

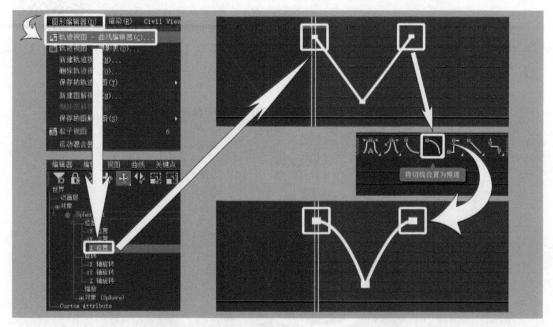

图 2-1-36

步骤 10　添加旋转效果。在【动画控制区】中单击【自动】打开自动关键点→将【时间滑块】移动至第 80 帧位置→在【工具栏】中单击【选择并旋转】→在前视图中旋转小球→再次单击【自动】关闭自动关键点→将【时间滑块】移动至第 0 帧位置→在【动画控制区】中单击【播放动画】，完成案例制作，如图 2-1-37 所示。

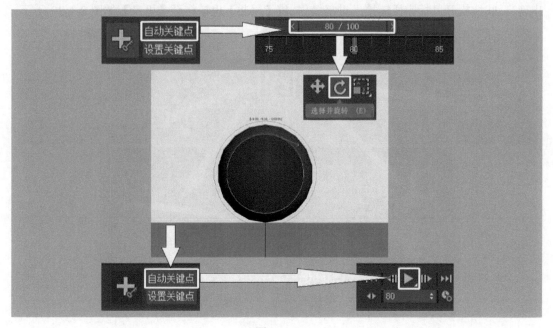

图 2-1-37

案例 4　直升飞机动画制作

步骤 1　在【动画控制区】使用鼠标右键单击【播放动画】→打开【时间配置】→在【帧速率】中选择【PAL】，在【动画】中设置【结束时间：100】→单击【确定】，如图 2-1-38 所示。

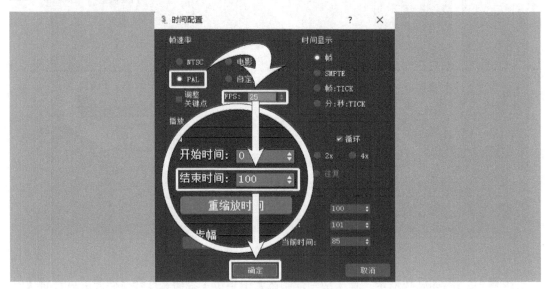

图 2-1-38

步骤 2　打开直升飞机文件，选中【旋翼】，在【工具栏】单击【选择并链接】，当鼠标在视口中显示为两个相叠的方框图标时，按住左键，拖动鼠标至【机身】，当模型外边框出现亮边时，松开鼠标完成链接。重复操作，将【尾桨】也链接至【机身】，如图 2-1-39 所示。

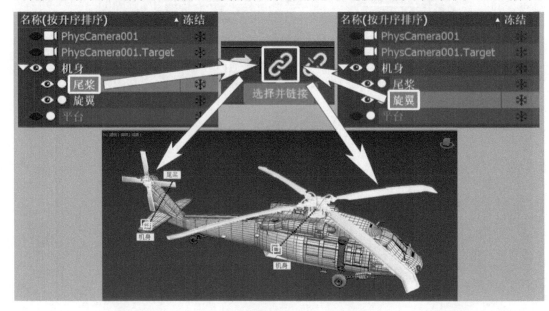

图 2-1-39

步骤 3　选中旋翼，在第 0 帧处单击【自动】打开自动关键点→移动【时间滑块】至第 100 帧→在【工具栏】中单击【选择并旋转】或使用快捷键 E，使旋翼以 Z 轴为中心旋转 1440°，如图 2-1-40、图 2-1-41 所示。

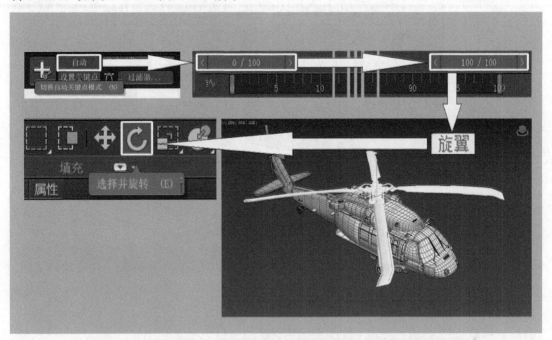

图 2-1-40

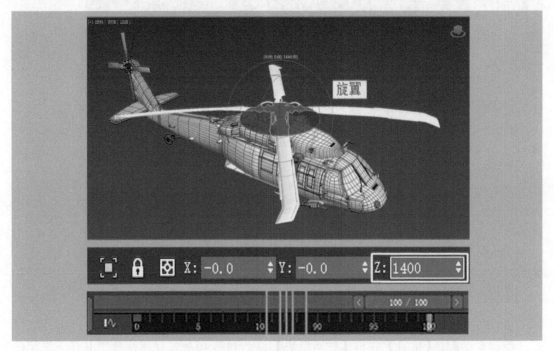

图 2-1-41

步骤 4　选中尾桨移动【时间滑块】至第 100 帧→使用快捷键 E，使尾桨以 X 轴为中心旋转 720°，如图 2-1-42、图 2-1-43 所示。

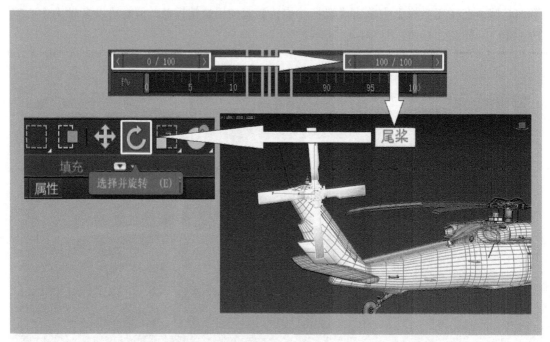

图 2-1-42

图 2-1-43

步骤 5　单击【机身】并将【时间滑块】移动到第 40 帧，使用快捷键 E 使飞机尾巴
微微抬起，移动【时间滑块】到第 100 帧→单击【选择并移动】或使用快捷键 W，制作飞

机向前、上方移动的效果，如图 2-1-44、图 2-1-45 所示。

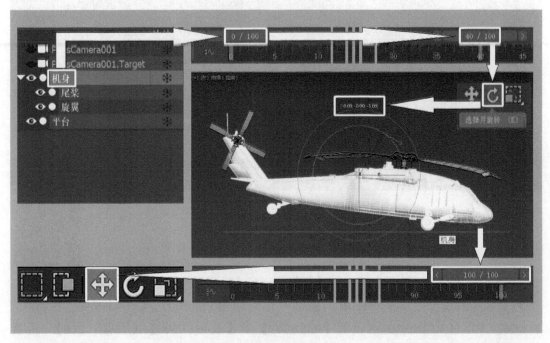

图 2-1-44

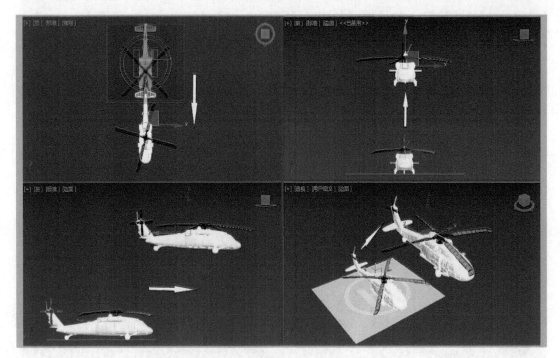

图 2-1-45

步骤 6　单击【自动】关闭自动关键点→单击【播放按钮】或使用快捷键 /，播放视口动画，完成案例制作，如图 2-1-46 所示。

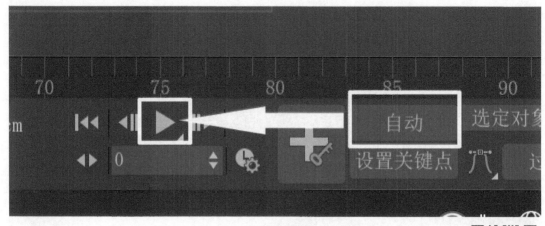

图 2-1-46

案例 5　机械臂动画制作（反向动力学）

步骤 1　在【命令面板】中选择【创建】→在【标准基本体】中选择【平面】、【圆柱体】、【球体】、【长方体】→在场景视口中分别创建 Plane001、Cylinder001、Box001、Box002、Box003、Box004→设置【Plane001】的【长度：200】、【宽度：200】，设置【Cylinder001】的【半径：12】、【高度：8】，设置【Box001】的【长度：8】、【宽度：15】、【高度：40】，设置【Box002】的【长度：6】、【宽度：8】、【高度：35】，设置【Box003】的【长度：4】、【宽度：5】、【高度：20】，设置【Box004】的【长度：4】、【宽度：5】、【高度：15】，如图 2-1-47、图 2-1-48 所示。

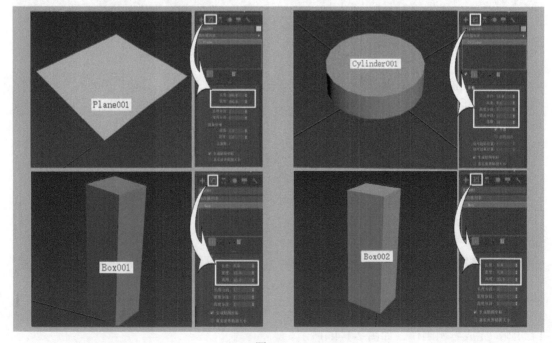

图 2-1-47

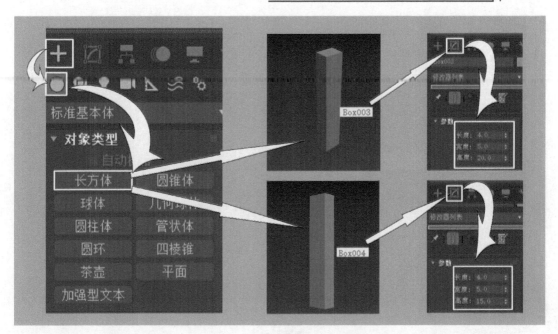

图 2-1-48

　　步骤 2　在 Plane001 上方从上向下依次摆放 Box004、Box003、Box002、Box001、Cylinder001→选中以上几何体,在【命令面板】中选择【层级】→在【轴】选项中单击【仅影响轴】→在场景视口中使用快捷键 W【选择并移动】→将 Box004、Box003、Box002、Box001 的【轴】向下移至链接处,如图 2-1-49 所示。

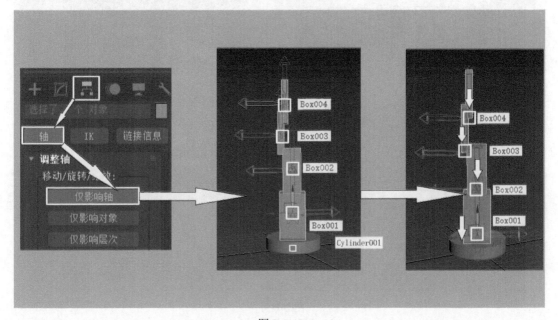

图 2-1-49

　　步骤 3　在【命令面板】中选择【创建】→在【辅助对象】中单击【虚拟对象】→在场景视口中创建 Dummy001,如图 2-1-50 所示。

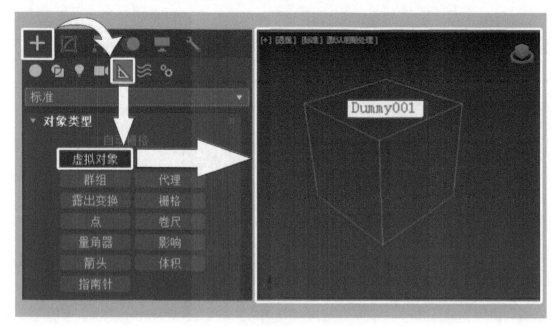

图 2-1-50

步骤 4　选中 Dummy001→单击【工具栏】的【选择并链接】→将鼠标拖至 Box004 后松开建立链接→重复上述动作，从上往下依次将 Box004 链接至 Box003→将 Box003 链接至 Box002→将 Box002 链接至 Box001→将 Box001 链接至 Cylinder001，如图 2-1-51 所示。

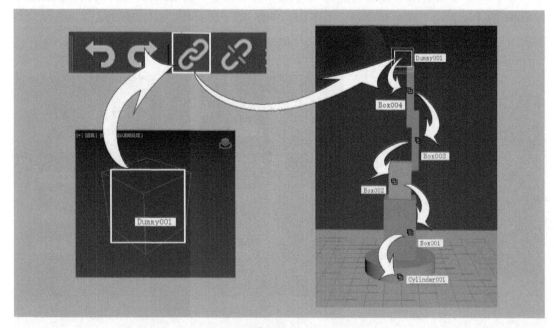

图 2-1-51

步骤 5　在【命令面板】中选择【层次】→单击【IK】→在【反向运动学】中单击【交互式 IK】→选中【Box004】,在【层次】下的【转动关节】面板的【X 轴】栏勾选【活动】和【受限】, 设置【从：10】、【到：80】, 在【Y 轴】栏取消勾选【活动】, 在【Z 轴】

栏取消勾选【活动】→选中【Box003】，按前述操作完成【转动关节】设置，如图 2-1-52 所示。

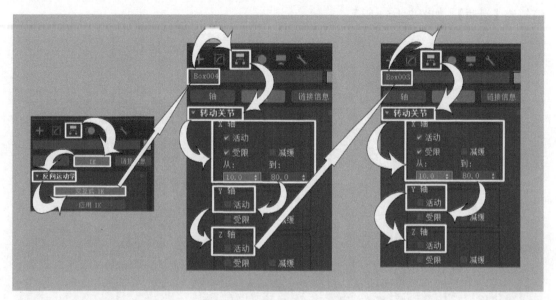

图 2-1-52

步骤 6　选中【Box002】→在【运动】中选择【参数】→在【变换】中选中【位置】→单击【指定控制器】→在【指定位置控制器】中双击【TCB 位置】确定，如图 2-1-53 所示。

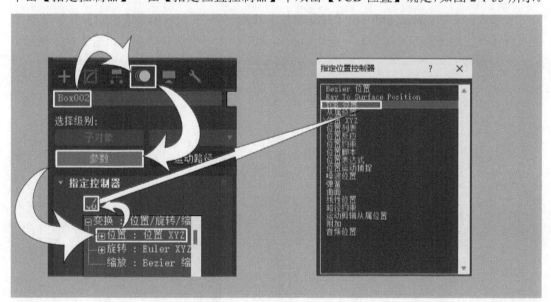

图 2-1-53

步骤 7　选中【Box002】，在【层次】下的【滑动关节】面板中的【X 轴】栏取消勾选【活动】，在【Y 轴】栏取消勾选【活动】，在【Z 轴】栏勾选【活动】和【受限】，设置【从：0】、【到：30】→选中【Box001】，在【层次】下的【转动关节】面板中的【X 轴】栏取消勾选【活动】，在【Y 轴】栏取消勾选【活动】，在【Z 轴】栏勾选【活动】和

【受限】，设置【从：0】、【到：360】→选中【Cylinder001】，在【层次】下的【转动关节】
面板中的【X 轴】栏取消勾选【活动】，在【Y 轴】栏取消勾选【活动】，在【Z 轴】栏取
消勾选【活动】，如图 2-1-54 所示。

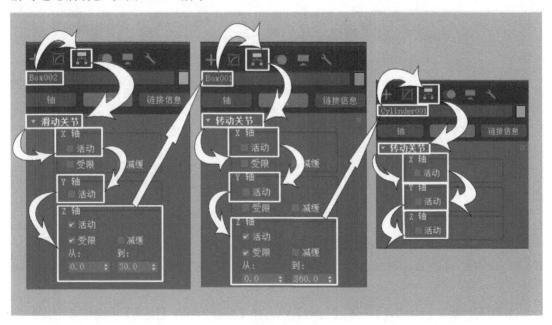

图 2-1-54

步骤 8　选中 Dummy001→将【时间滑块】移动到第 25 帧→单击【自动】打开自动关
键点开关→使用【选择并移动】→拖动 Dummy001 制作一个抓取动画，如图 2-1-55 所示。

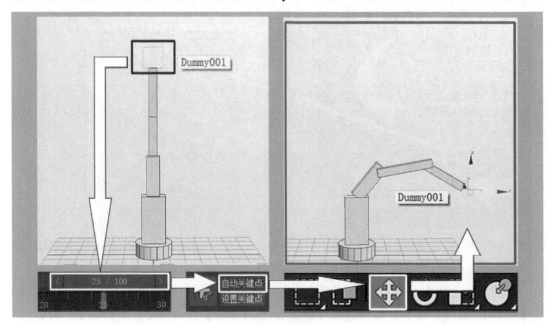

图 2-1-55

步骤 9　移动【时间滑块】到第 75 帧→拖动 Dummy001 制作一个放置动画，如图

2-1-56 所示。

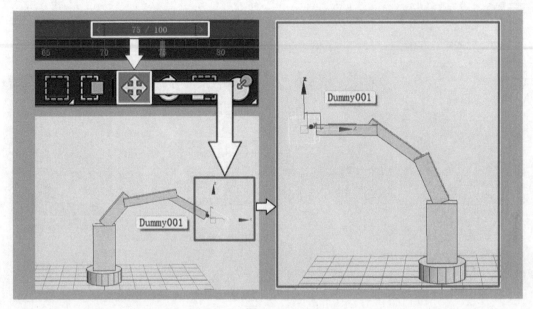

图 2-1-56

步骤 10　选中第 0 帧关键帧→使用 Shift + 左键复制并移动到第 100 帧→完成整个机械臂回到初始位置的动画，如图 2-1-57 所示。

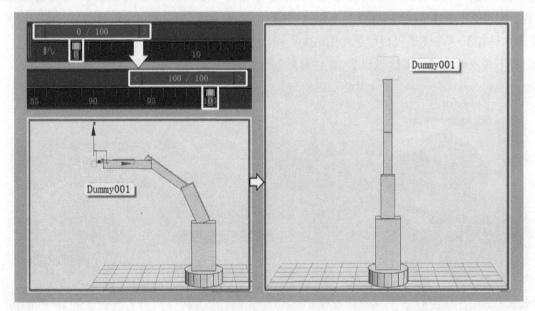

图 2-1-57

步骤 11　在【命令面板】中选择【创建】→在【标准基本体】中单击【球体】→在场景视口中创建 Sphere001→选中 Sphere001，在【运动】单击【参数】→选中【变换：位置 / 旋转 / 缩放】，单击上方的【指定变换控制器】→在【指定变换控制器】中双击【链接约束】确定，如图 2-1-58 所示。

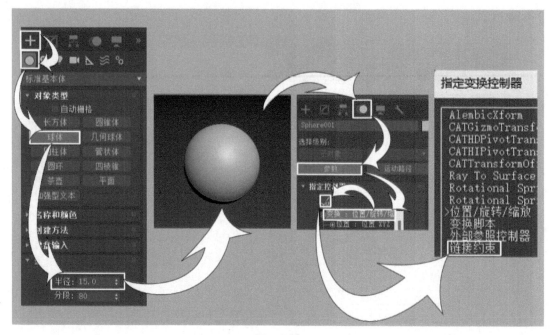

图 2-1-58

步骤 12　选中 Sphere001→使用【选择并移动】工具移动到【Box001】的抓取位置→移动【时间滑块】至第 0 帧→在【命令面板】中选择【运动】，单击【参数】，在【链接参数】面板下单击【链接到世界】→移动【时间滑块】至第 25 帧→在【链接参数】面板下单击【添加链接】→在场景视口中选中 Box004→移动【时间滑块】至第 75 帧→在【链接参数】面板下再次单击【链接到世界】，完成案例制作，如图 2-1-59 所示。

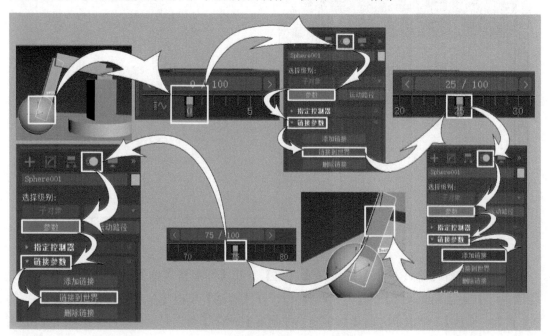

图 2-1-59

案例 6　步战车动画制作（参数关联）

步骤 1　打开步战车文件，选中【车轮 1】（在面板最左边的【资源管理器】处可查看选中的物体，直接单击名称可以选中物体），在【工具栏】中单击【选择并链接】→鼠标放在车轮 1 上会出现两个方块相交叠的图标，按住鼠标左键，移动鼠标至车身，当车身模型边框变亮时，松开鼠标→重复前步操作，将其他 5 个车轮和炮塔也链接至车身，并将炮管链接至炮塔，如图 2-1-60 所示。

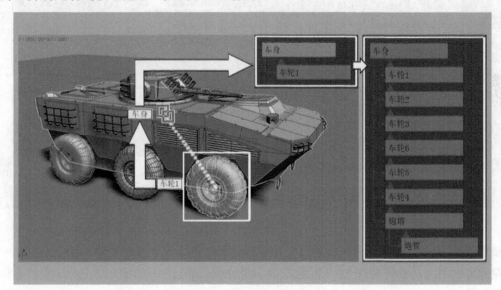

图 2-1-60

步骤 2　选择【动画】菜单→选择【连线参数】→打开【参数连线对话框 ...】，如图 2-1-61 所示。

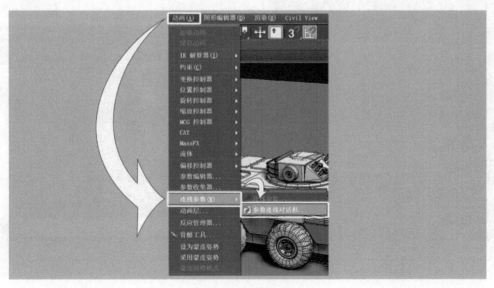

图 2-1-61

步骤 3　选中【车轮 1】→单击【参数关联 #1】里左边框内的【刷新】按钮，如图 2-1-62 所示。

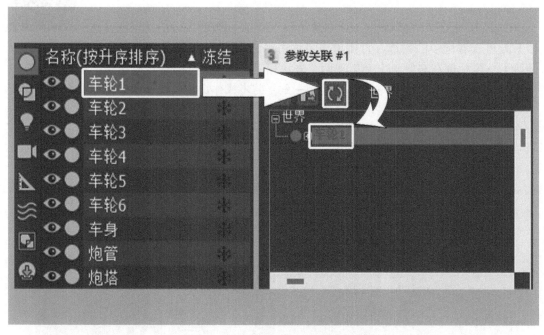

图 2-1-62

步骤 4　选中其他 5 个车轮 (在【资源管理器】中选中其中一个轮子，按住 Ctrl 键 + 鼠标左键可以增选；按住 Shift 键 + 鼠标左键，同时单击最后一个，可以连选)→单击【参数关联 #1】里右边框内的【刷新】按钮，如图 2-1-63 所示。

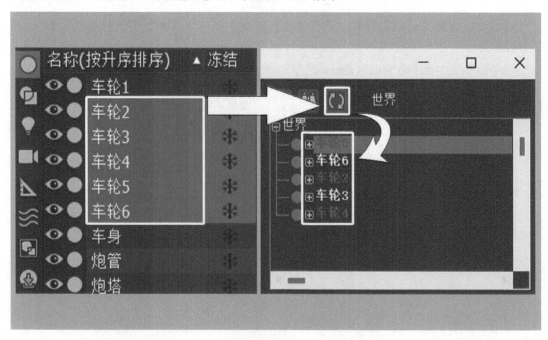

图 2-1-63

　　步骤 5　单击【车轮 1】左边的小圆圈，打开【变换】卷展栏→单击【变换】左边的
小圆圈，打开【旋转：Euler XYZ】卷展栏→选中【X 轴旋转：Bezier 浮点】，如图 2-1-64
所示。

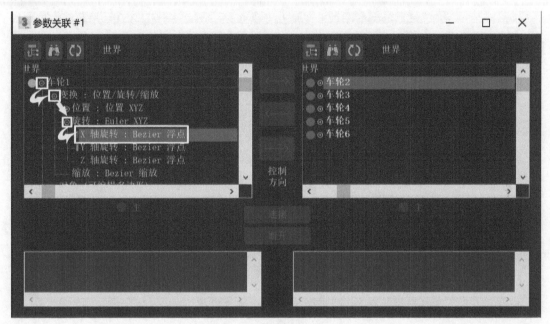

图 2-1-64

　　步骤 6　单击【车轮 2】左边的小圆圈,打开【变换】卷展栏→单击【变换】左边的小圆圈,
打开【旋转：Euler XYZ】卷展栏→选中【X 轴旋转：Bezier 浮点】→单击两框中间的【→】,
再单击【连接】确定，如图 2-1-65 所示。

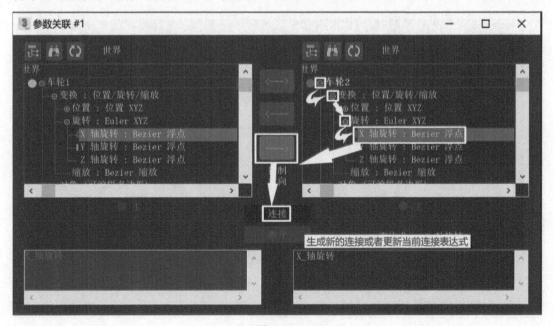

图 2-1-65

步骤 7   单击【车轮 3】左边的小圆圈，打开【变换】卷展栏→单击【变换】左边的小圆圈，打开【旋转：Euler XYZ】卷展栏→选中【X 轴旋转：Bezier 浮点】→单击两框中间的【→】，再单击【连接】确定，如图 2-1-66 所示。

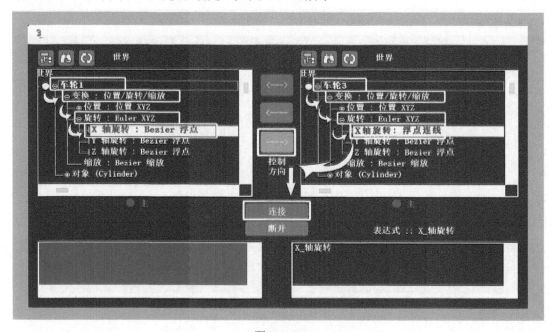

图 2-1-66

步骤 8   车轮 4、车轮 5、车轮 6 重复上述动作，完成参数关联。完成后选中车轮 1→使用快捷键 E，以 X 轴为中心进行任意度数的旋转。其他车轮也会受到车轮 1 的控制，以自身 X 轴为中心进行任意度数的旋转，如图 2-1-67 所示。

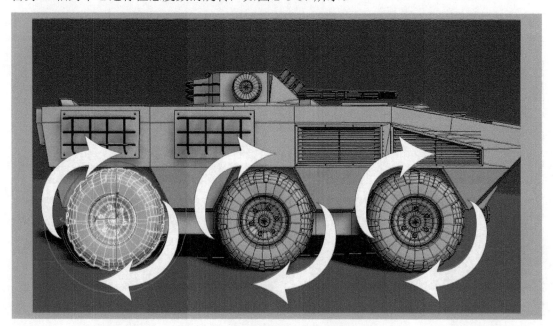

图 2-1-67

步骤 9　选中【车身】，单击【参数关联 #1】里左边框内的【将选定节点刷新到树视图内容】→选中【车轮 1】，单击【参数关联 #1】里右边框内的【刷新】按钮，如图 2-1-68所示。

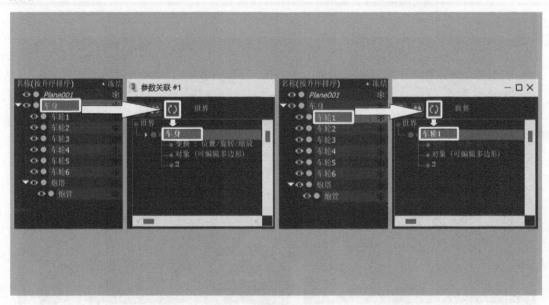

图 2-1-68

步骤 10　单击【车身】左边的小圆圈，单击【变换】左边的小圆圈，单击【位置：位置 XYZ】左边的小圆圈，单击【Y 位置：Bezier 浮点】→单击【车轮 1】左边的小圆圈，单击【变换】左边的小圆圈，单击【旋转：Euler XYZ】左边的小圆圈，单击【X 轴旋转：浮点连线】→单击两框中间的【→】→单击【连接】确定，如图 2-1-69 所示。

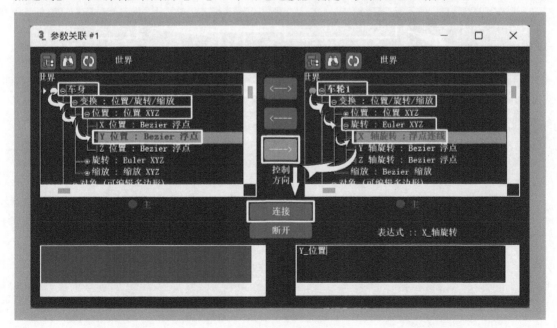

图 2-1-69

　　步骤 11　完成参数关联后需要检查动画效果。选中【车身】→使用快捷键 W 将车身向前移动。如果发现左右轮旋转方向相反，则选择【参数关联 #1】右下方的框，在 Y 前面加一个负号，单击【更新】修正方向，如图 2-1-70 所示。

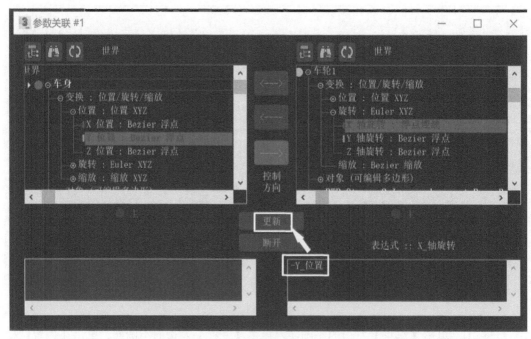

图 2-1-70

　　步骤 12　选中【车身】，将【时间滑块】从第 0 帧移至第 100 帧→单击【自动】，打开自动关键点→使用快捷键 W 将车身向前移动，如图 2-1-71 所示。

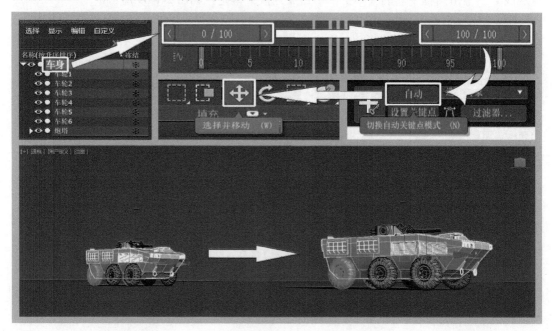

图 2-1-71

步骤 13　选中【炮塔】→移动【时间滑块】至第 20 帧→使用快捷键 E 将炮塔向右旋转 25°→将【时间滑块】移动至第 80 帧,将炮塔向左旋转 50°,如图 2-1-72、图 2-1-73 所示。

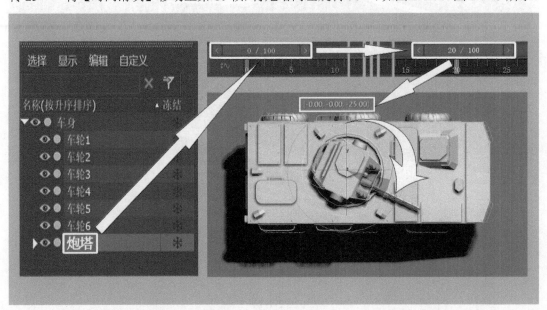

图 2-1-72

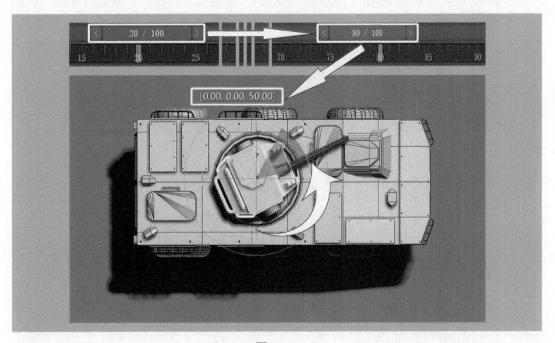

图 2-1-73

步骤 14　选中【炮管】→移动【时间滑块】至第 40 帧,单击【设置关键点】→移动【时间滑块】至第 60 帧,单击【设置关键点】→移动【时间滑块】至第 50 帧。使用快捷键 W 在【工具面板】中将参考坐标系调为【局部】→将炮管向后拖动,制作发射的效果,如图 2-1-74 所示。

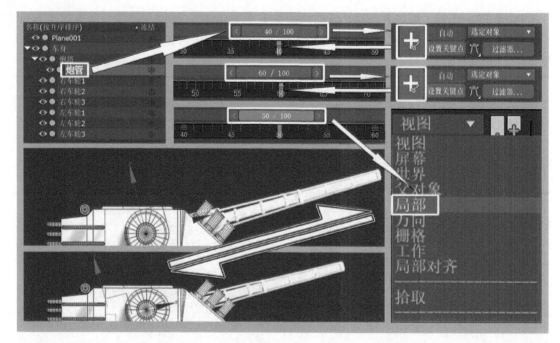

图 2-1-74

步骤 15　单击【播放按钮】或使用快捷键 /，播放视口动画，完成案例制作，如图 2-1-75 所示。

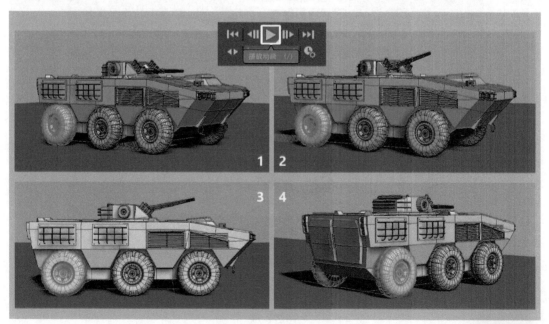

图 2-1-75

案例 7　常用约束动画效果制作（路径、位置、注视）

步骤 1　在【命令面板】中选择【创建】→在【标准基本体】中选择【平面】→在

场景视口中创建【长度：200】、【宽度：200】、【长度分段：1】、【宽度分段：1】的平面
Plane001(可以在【命令面板】的【修改】处调整大小)，如图 2-1-76 所示。

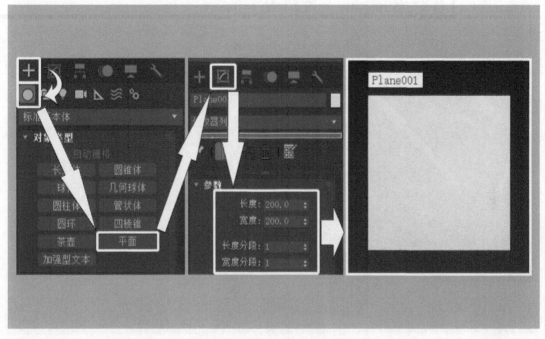

图 2-1-76

步骤 2　使用快捷键 T 打开顶视图→在【命令面板】中单击【创建】→在【图形】
中选择【线】，在平面上方创建样条线 Line001 即小汽车的行驶路线，如图 2-1-77 所示。

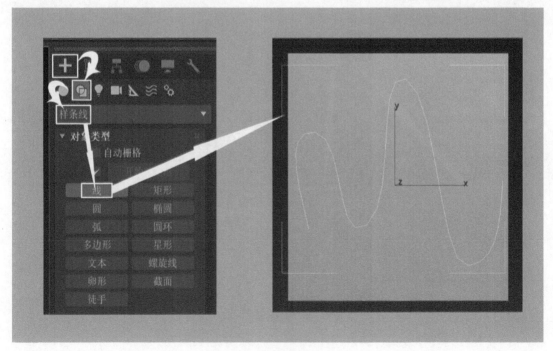

图 2-1-77

步骤 3　在【命令面板】中选择【创建】→在【标准基本体】中选择【长方体】→在场景视口中创建【长度：25】、【宽度：17】、【高度：8】、【长度分段：1】、【宽度分段：1】、【高度分段：1】的长方体 Box001，如图 2-1-78 所示。

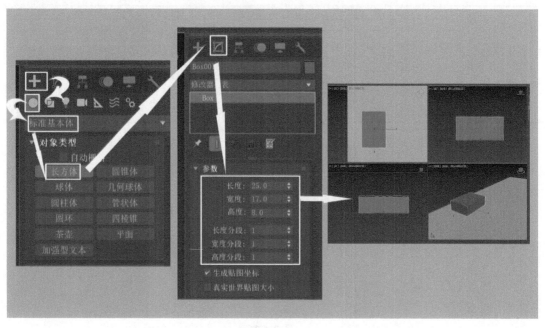

图 2-1-78

步骤 4　按步骤 3 再创建两个长方体 Box002、Box003(按图中参数设置) 并按图 2-1-79、图 2-1-80 所示的位置摆放。

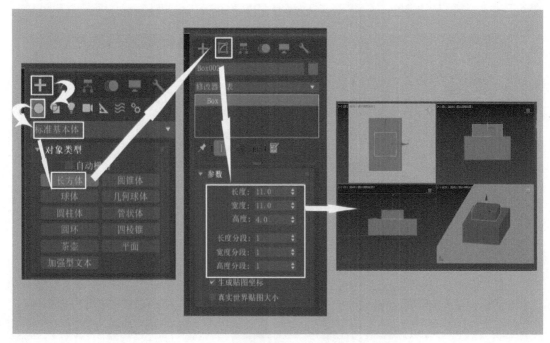

图 2-1-79

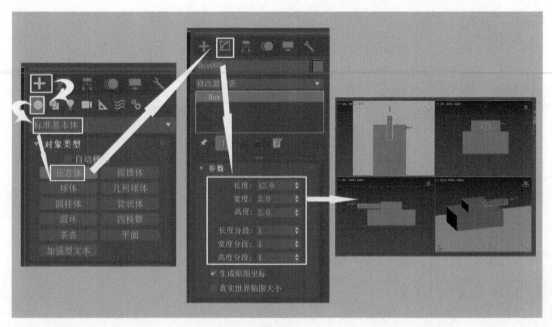

图 2-1-80

步骤 5　在【命令面板】中选择【创建】→在【几何体】中选择【圆柱体】，在 Box001 的侧边创建【半径：3.5】、【高度：3】、【高度分段：1】、【端面分段：1】、边数为 18 的圆柱体 Cylinder001，选中并使用快捷键 W，按住 Shift 键拖动复制 3 个圆柱体，按图 2-1-81 所示的位置摆放。

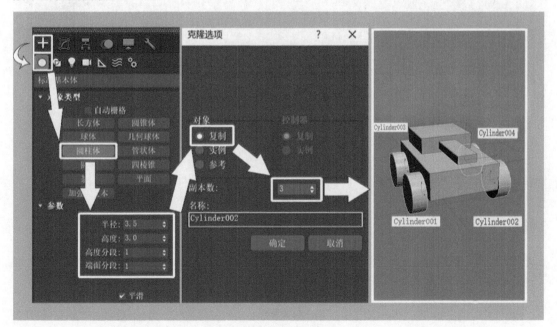

图 2-1-81

步骤 6　选中小车对象的所有几何体→在【菜单栏】中单击【组】→选择【组 ...】→在弹出的面框中单击【确定】，如图 2-1-82 所示。

图 2-1-82

步骤 7　在【组】卷展栏中选中【Box003】→在【工具栏】中单击【选择并链接】→将【Box003】链接至【Box002】，将【Box002】链接至【Box001】→将【Cylinder001】、【Cylinder002】、【Cylinder003】、【Cylinder004】链接至【Box001】，如图 2-1-83 所示。

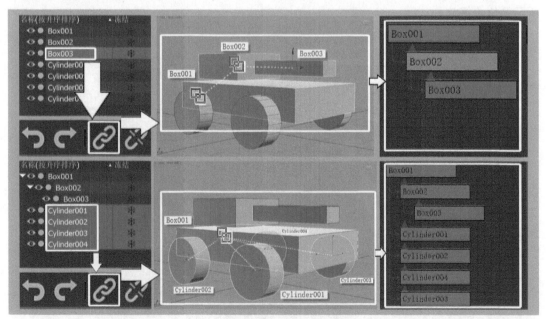

图 2-1-83

步骤 8　选中【Box001】→在【菜单栏】中单击【动画】→选择【约束】→单击【路径约束】，这时鼠标与 Box001 上会有一条虚线→将鼠标移动到样条线 Line001，单击完成约束，如图 2-1-84 所示。

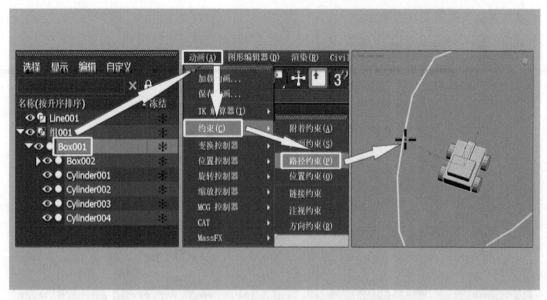

图 2-1-84

步骤 9　完成约束后小车与平面会有穿模现象，可选中样条线【Line001】→使用快捷键 W 将样条线向上移动，这时小车也会跟着向上移动，移动到合适位置即可，如图 2-1-85 所示。

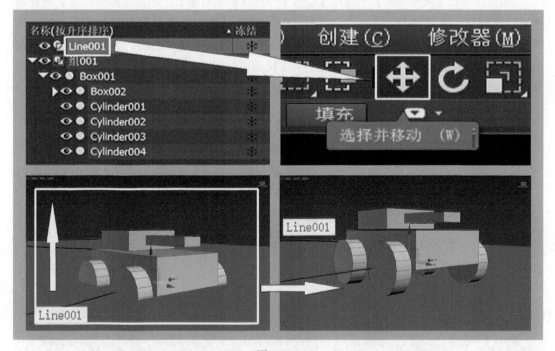

图 2-1-85

步骤 10　移动【时间滑块】，小车会在样条线 Line001 上移动，但是小车只会一直保持一个方向，不会转弯，这时可以在【命令面板】中单击【运动】→在【路径参数】的【路径选项】中勾选【跟随】，如果小车出现车头翻转现象，可在【路径选项】的【轴】选项处进行调整，如图 2-1-86 所示。

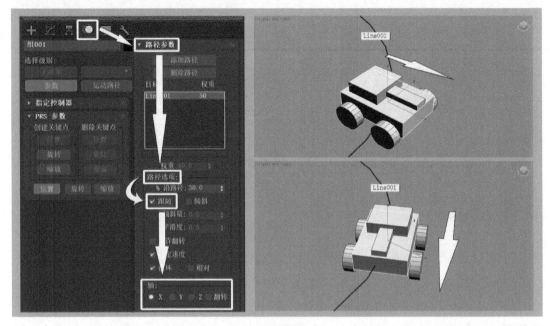

图 2-1-86

步骤 11　在【命令面板】中选择【创建】→在【辅助对象】中单击【虚拟对象】→在场景视口中创建虚拟对象 Dummy001→选中【Box002】→在【菜单栏】中单击【动画】→选择【约束】→单击【注视约束】，在鼠标与 Box002 之间会出现一条线，将鼠标移到虚拟对象 Dummy001 上，单击完成约束。如果小车注视部位出现了翻转，可在【注视约束】的【选择注视轴】选项处进行调整，如图 2-1-87、图 2-1-88 所示。

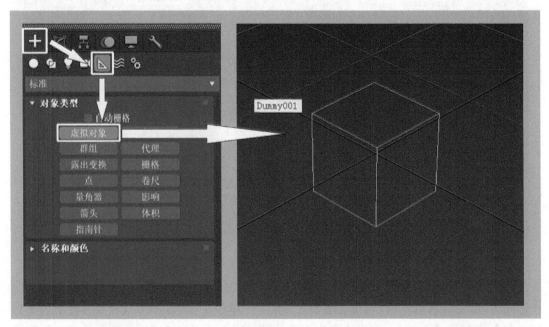

图 2-1-87

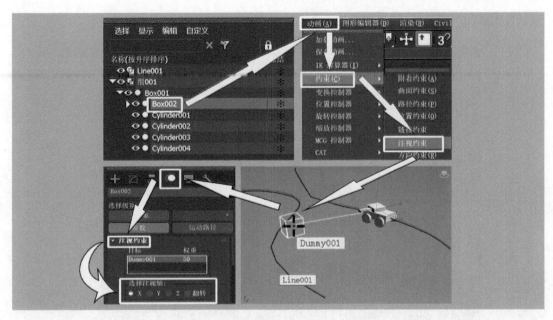

图 2-1-88

步骤 12　在【命令面板】中选择【创建】→在【几何体】→单击【球体】，在场景视口中创建【半径：5】的球体 Sphere001，如图 2-1-89 所示。

图 2-1-89

步骤 13　选中【Sphere001】,在【菜单栏】中单击【动画】→选择【约束】→单击【位置约束】，在鼠标与 Sphere001 之间会出现一条线，将鼠标移到虚拟对象 Dummy001 上，单击完成约束，这时球体就会出现在虚拟对象中心，在【命令面板】中选择【运动】→单击【位置约束】，选择【添加位置目标】，用鼠标选择 Box001，再次单击【添加位置目标】，这时球体默认在 Box001 与 Dummy001 之间随着 Box001 的移动而移动。如果希望球体向哪一方偏移，可以调整【权重】，如图 2-1-90、图 2-1-91 所示。

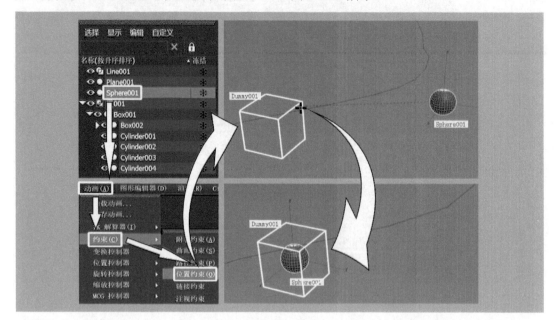

图 2-1-90

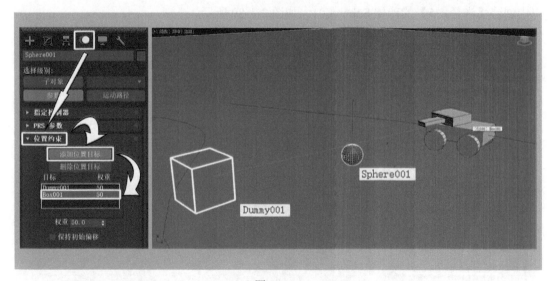

图 2-1-91

步骤 14　单击【播放】或使用快捷键 /，播放视口动画，完成案例制作。

2.2　骨骼动画案例制作

案例 8　挖掘机动画制作（Bone 骨骼绑定）

步骤 1　打开挖掘机文件，在【命令面板】中单击【创建】→在【辅助对象】中选择

【虚拟对象】，在场景视口中创建 Dummy001 并选中，使用快捷键 Alt + A 对齐车身模型的【X 位置】、【Y 位置】、【Z 位置】，单击【确定】→在【场景资源管理器】中选择【Dummy001】，改名为【总控制器】并选中→使用快捷键 R 修正【总控制器】与模型比例，整体稍大即可，如图 2-2-1 所示。

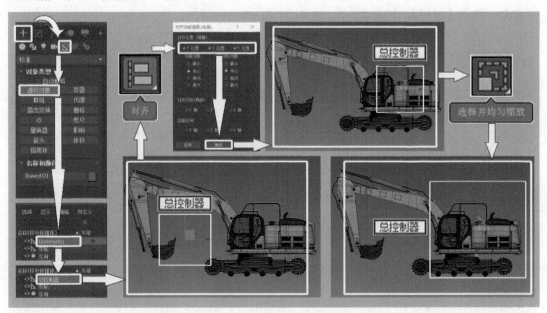

图 2-2-1

步骤 2　选中总控制器以外的全部对象→在【工具栏】中选中【选择并链接】链接到总控制器上→选中总控制器→在【命令面板】中选择【层次】→单击【链接信息】→在【锁定】中勾选缩放【X】、【Y】、【Z】，如图 2-2-2 所示。

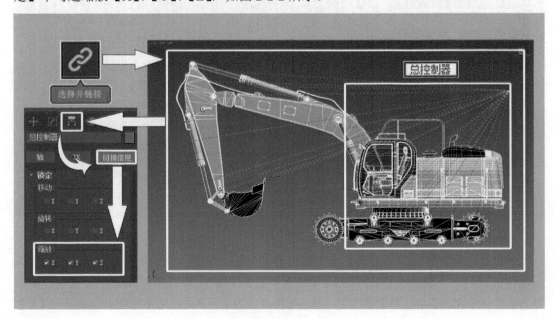

图 2-2-2

步骤 3 在【命令面板】中单击【创建】→在【辅助对象】中选择【点】→在场景视口中创建 Point001→在【场景资源管理器】中将【Point001】改名为【副总控制器】→选中【副总控制器】→在【参数】中勾选【长方体】→在【大小】中修正数值，让副总控制器比车身模型稍大即可→使用快捷键 Alt + A 对齐车身模型的【X 位置】、【Y 位置】、【Z 位置】→单击【确定】，如图 2-2-3、图 2-2-4 所示。

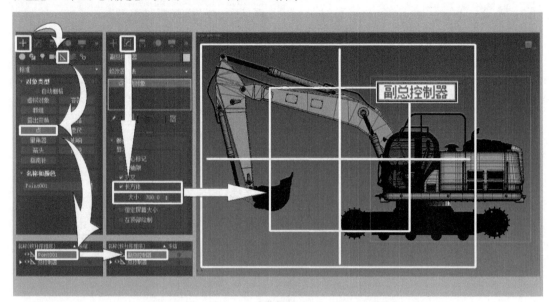

图 2-2-3

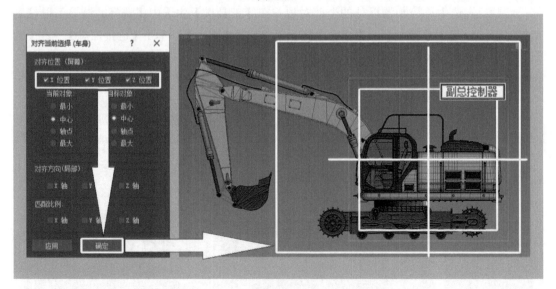

图 2-2-4

步骤 4 将车身模型选中 (不选中总控制器和副控制器)，使用【选择并链接】链接到副总控制器上→将副总控制器使用【选择并链接】链接到总控制器上。选中副总控制器→在【命令面板】中选择【层次】→单击【链接信息】→在【锁定】选项中勾选移动【X】、【Y】、【Z】，旋转【X】、【Y】和缩放【X】、【Y】、【Z】，如图 2-2-5、图 2-2-6 所示。

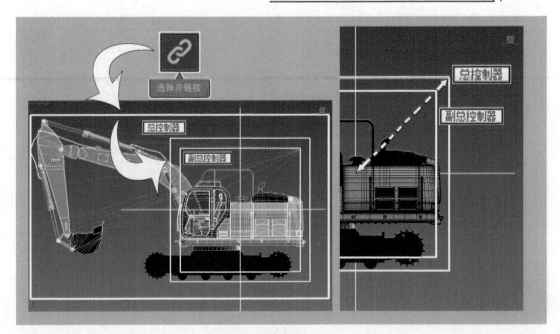

图 2-2-5

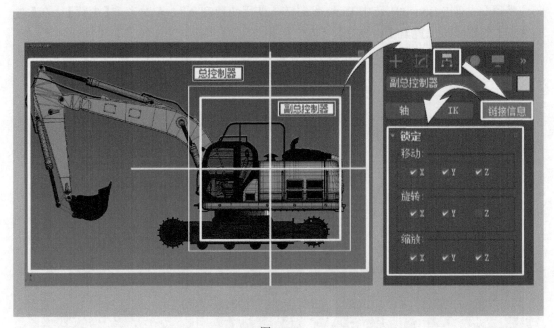

图 2-2-6

步骤 5　在侧视图中选中模型的大臂和小臂，单击鼠标右键选择【隐藏未选定对象】→使用快捷键 F3 显示线框→在【命令面板】中选择【创建】→在【系统】中单击【骨骼】，根据模型外形创建 Bone 骨骼链→双击 Bone001 选中全部骨骼，单击右键打开【命令面板】→单击【对象属性】并勾选【显示为外框】→选中 Bone001→在【命令面板】选择【修改】→在【骨骼参数】中调整骨骼对象的【宽度】、【高度】、【锥化】，同理，依次调整好 Bone002、Bone003 的骨骼大小，如图 2-2-7 所示。

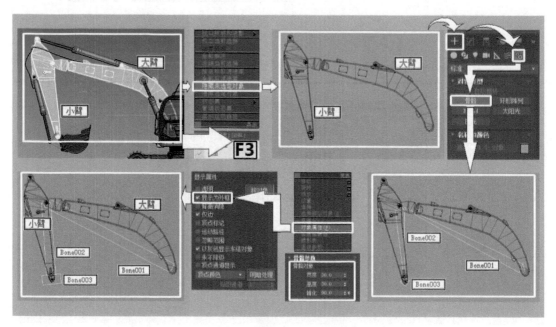

图 2-2-7

步骤 6　双击 Bone001 选中 Bone 骨骼链→使用快捷键 Alt＋A 对齐到【大臂】→在【对齐位置】勾选【X 位置】、【Y 位置】、【Z 位置】，勾选【当前对象：轴点】、【目标对象：轴点】→单击【确定】→双击 Bone001 选中骨骼链→单击鼠标右键打开【对象属性】并勾选【显示为外框】，如图 2-2-8 所示。

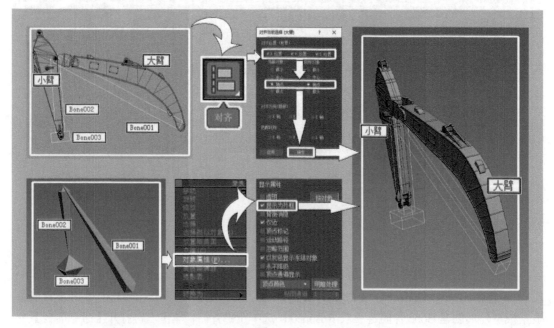

图 2-2-8

步骤 7　在场景视口中单击鼠标右键，选择【全部取消隐藏】→使用快捷键 F3 取消线框显示。选中 Bone001→在【工具栏】中单击【选择并链接】→将 Bone001 链接到副总控制器上，选中 Bone001→在【菜单栏】中单击【动画】→在【IK 解算器】中选择【HI 解算器】，移动虚线到 Bone003→单击创建 IK 链【IK Chain001】，同时在场景视口中显示 IK 链控制图标，如图 2-2-9 所示。

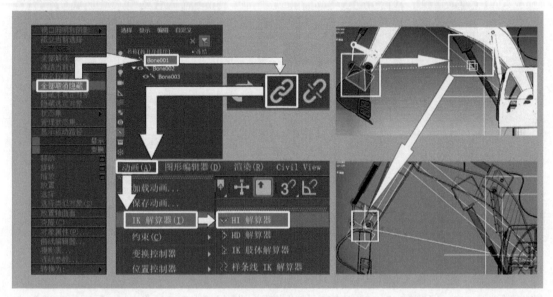

图 2-2-9

步骤 8　在场景视口中单击鼠标右键选择【全部取消隐藏】→在【工具栏】中单击【选择并链接】→将大臂模型链接至 Bone001，在【工具栏】中单击【选择并链接】→将小臂模型链接至 Bone002，如图 2-2-10 所示。

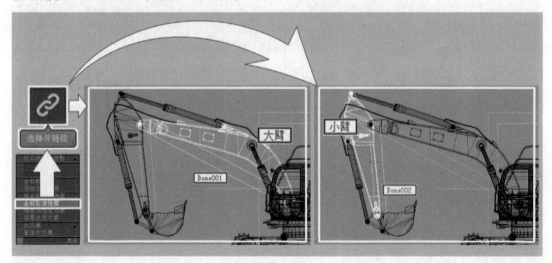

图 2-2-10

步骤 9　在【命令面板】中选择【创建】→在【辅助对象】中，单击【点】→在场景视口中创建 Point001→在【参数】中勾选【长方体】并调整【大小】→选中 Point001→使用快捷键 Alt＋A 对齐【IK Chain001】的【X 位置】、【Y 位置】、【Z 位置】，选择【当前对象：中心】、【目标对象：中心】→单击【确定】，如图 2-2-11 所示。

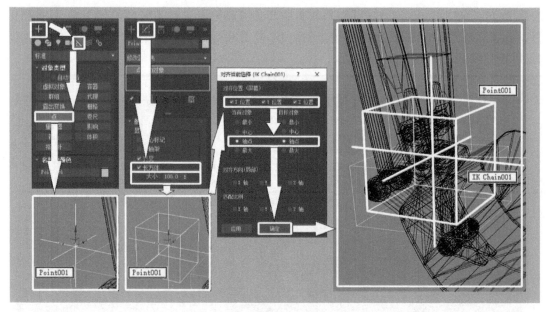

图 2-2-11

步骤 10 选中 IK Chain001→在【工具栏】中单击【选择并链接】→将 IK Chain001 链接到 Point001→再将 Point001 链接到挖斗模型。选择【Point001】→在【命令面板】中选择【层次】→单击【链接信息】→在【锁定】中勾选【移动：X】、【旋转：Y、Z】、【缩放：X、Y、Z】，完成绑定，如图 2-2-12 所示。

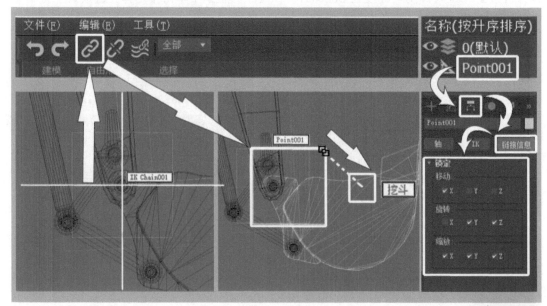

图 2-2-12

案例 9 液压杆滑动绑定、挖斗绑定及管线绑定

步骤 1 选中大臂液压杆 4-1、大臂液压杆 4-2，单击鼠标右键选择【隐藏未选定

对象】→在【命令面板】中选择【创建】→在【系统】中单击【骨骼】，创建 4 根骨骼，如图 2-2-13 所示。

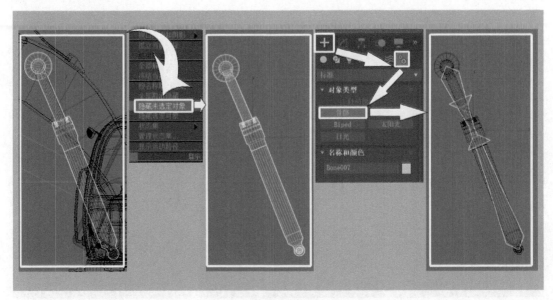

图 2-2-13

步骤 2 双击 Bone004，按住 Ctrl 键加选其他骨骼，单击鼠标右键选择【对象属性】→单击【显示属性】→勾选【显示为外框】→依次选中【Bone004】至【Bone007】→在【命令面板】中选择【修改】→在【骨骼参数】中将【骨骼对象】的【宽度】、【高度】、【锥化】调整到合适大小，如图 2-2-14 所示。

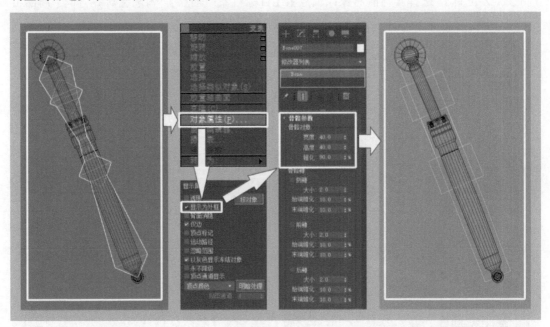

图 2-2-14

步骤 3 选中 Bone004、Bone005、Bone006、Bone007，使用快捷键 Alt + A 对齐到

【大臂液压杆 4-2】,勾选【对齐位置:Y 位置】,选择【当前对象:中心】、【目标对象:中心】→单击【确定】,如图 2-2-15 所示。

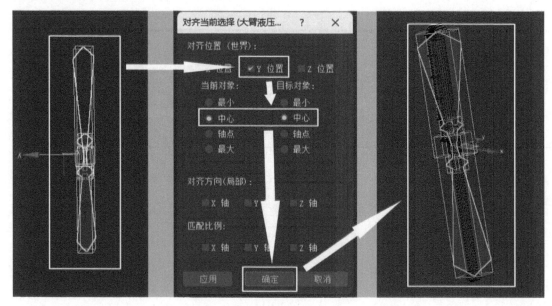

图 2-2-15

步骤 4　在【命令面板】中选择【创建】→在【辅助对象】中单击【点】,在场景视口中创建 Point002,在【修改】中调整【参数】→勾选【长方体】并将【大小】调整合适→选中 Point002→使用快捷键 Alt＋A 对齐到【Bone004】,勾选【对齐位置:X 位置、Y 位置、Z 位置】,选择【当前对象:轴点】、【目标对象:轴点】,勾选【对齐方向(局部):X 轴、Y 轴、Z 轴】→单击【确定】,如图 2-2-16 所示。

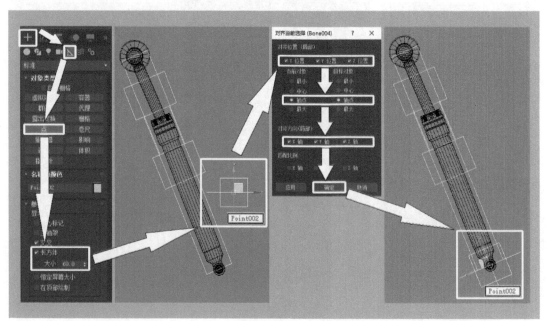

图 2-2-16

步骤 5 在【命令面板】中选择【创建】→在【辅助对象】中单击【点】，在场景视口中创建 Point003，在【修改】中调整【参数】→勾选【长方体】并将【大小】调整到合适的数值→选中 Point003→使用快捷键 Alt + A 对齐到【Bone006】，勾选【对齐位置：X位置、Y 位置、Z 位置】，选择【当前对象：轴点】、【目标对象：轴点】，勾选【对齐方向 (局部)：X 轴、Y 轴、Z 轴】→单击【确定】，如图 2-2-17 所示。

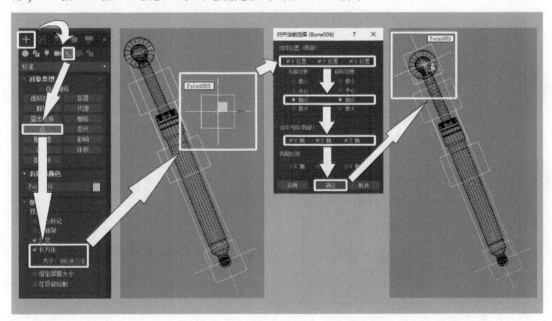

图 2-2-17

步骤 6 选择 Bone004，在【菜单栏】中单击【动画】→在下拉菜单中选择【约束】→单击【注视约束】并约束到 Point003→选择 Bone006，在【菜单栏】中单击【动画】→在下拉菜单中选择【约束】→单击【注视约束】约束到 Point002，如图 2-2-18 所示。

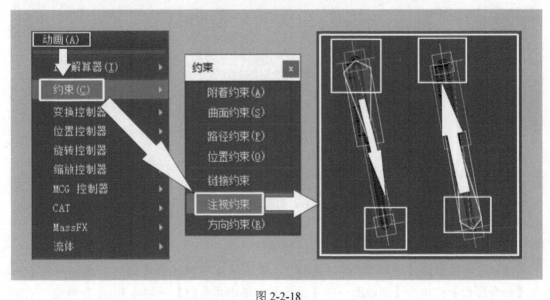

图 2-2-18

步骤 7　使用快捷键 Ctrl + A 全选，并单击鼠标右键选择【全部取消隐藏】→长按 Ctrl 键分别选中大臂液压杆 3-1 和大臂液压杆 4-1→单击鼠标右键并选择【隐藏未选定对象】→在【工具栏】中单击【选择并链接】→按住 Ctrl 键分别选中大臂液压杆 4-1 和大臂液压杆 3-1，将它们同时链接到 Bone006→在【工具栏】中单击【选择并链接】→按住 Ctrl 键分别选中大臂液压杆 4-2 和大臂液压杆 3-2，将它们同时链接到 Bone004，如图 2-2-19 所示。

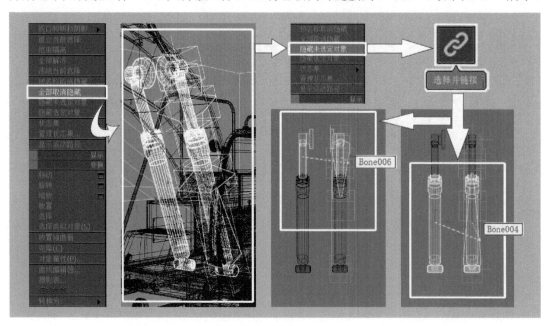

图 2-2-19

步骤 8　在场景视口中单击鼠标右键选择【全部取消隐藏】→在【工具栏】中单击【选择并链接】→将 Bone006 链接 Bone001→将 Bone004 链接副总控制器，如图 2-2-20 所示。

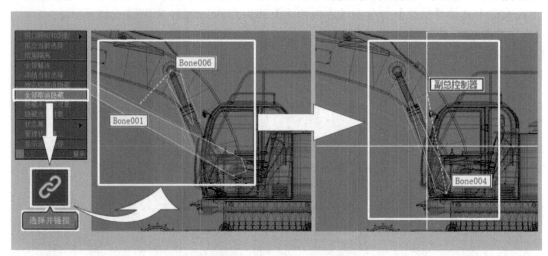

图 2-2-20

步骤 9　选中挖斗连杆 1、挖斗连杆 2，单击鼠标右键选择【隐藏未选定对象】→在【命令面板】中单击【创建】→在【系统】中单击【骨骼】→创建 Bone 骨骼链，双击

【Bone008】→单击鼠标右键选择【对象属性】→在【显示属性】中勾选【显示为外框】→依次选中【Bone008】、【Bone009】和【Bone010】→在【命令面板】中选择【修改】→在【骨骼参数】调整【宽度】、【高度】和【锥化】至合适即可，如图 2-2-21 所示。

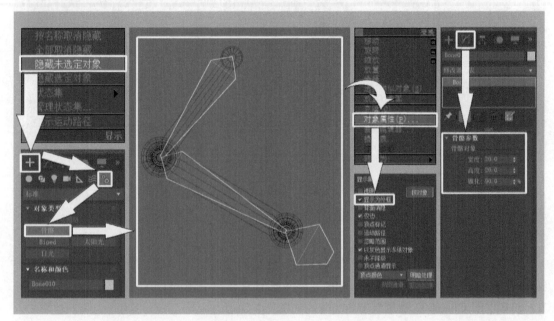

图 2-2-21

步骤 10　双击 Bone008→使用快捷键 Alt＋A 对齐到【挖斗连杆 2】→勾选【对齐位置 (世界)：Y 位置】，选择【当前对象：中心】、【目标对象：中心】→单击【确定】，如图 2-2-22 所示。

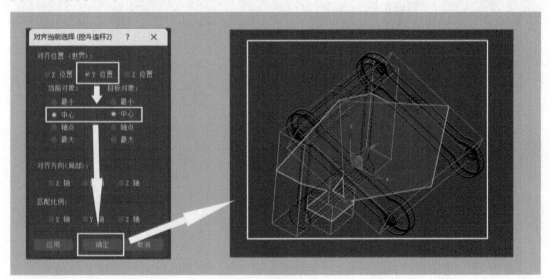

图 2-2-22

步骤 11　选中 Bone008→在【菜单栏】中单击【动画】→在下拉菜单中选择【IK 解算器】→选择【HI 解算器】并链接到 Bone010，如图 2-2-23 所示。

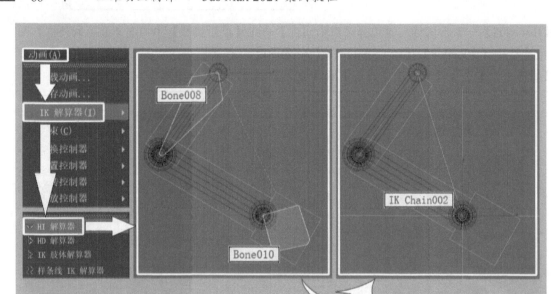

图 2-2-23

步骤 12 在【工具栏】中单击【选择并链接】或使用【动画】的【约束】里的【链接约束】将 Bone008 链接到 Bone002，挖斗连杆 2 链接到 Bone008，挖斗连杆 1 链接到 Bone010，IK Chain002 链接到 Point001，如图 2-2-24 所示。

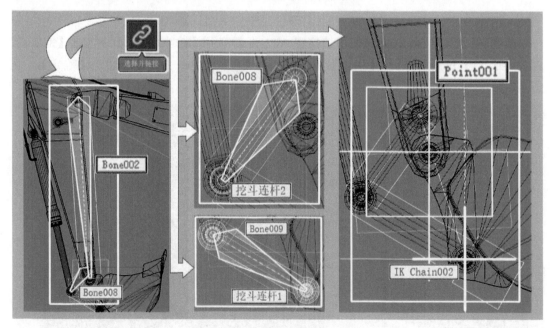

图 2-2-24

步骤 13 选中大臂液压杆 2-1、大臂液压杆 2-2，单击鼠标右键选择【隐藏未选定对象】→在【命令面板】中选择【创建】→在【系统】中单击【骨骼】→创建 Bone 骨骼链，双击【Bone011】→单击鼠标右键选择【对象属性】→选择【显示属性】→勾选【显示为外框】→依次选中【Bone011】、【Bone012】、【Bone013】和【Bone014】→在【命令面板】中单击【修改】→在【骨骼参数】中调整【骨骼对象】的【高度】、【宽度】和【锥化】至合适即可，如图 2-2-25 所示。

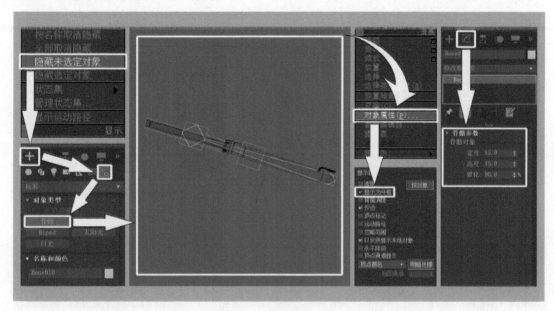

图 2-2-25

步骤 14　选中 Bone011、Bone012、Bone013、Bone014→使用快捷键 Alt＋A 对齐到【大臂液压杆 2-1】→勾选【对齐位置（世界）：Y 位置】，选择【当前对象：中心】、【目标对象：中心】→单击【确定】，如图 2-2-26 所示。

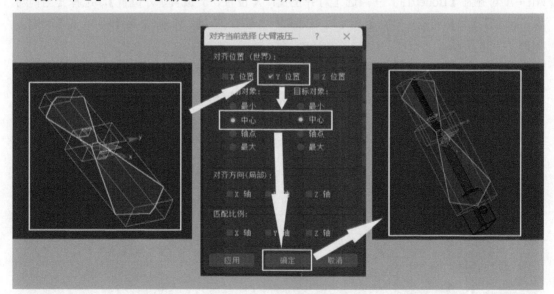

图 2-2-26

步骤 15　在【命令面板】中选择【创建】→在【辅助对象】中选择【点】→在【参数】中勾选【长方体】并调整【大小】到合适的数值→创建并选中 Point004→使用快捷键 Alt＋A 对齐到【Bone011】→勾选【对齐位置：X 位置、Y 位置、Z 位置】，选择【当前对象：轴点】、【目标对象：轴点】和【对齐方向（局部）：X 轴、Y 轴、Z 轴】→单击【确定】，如图 2-2-27 所示。

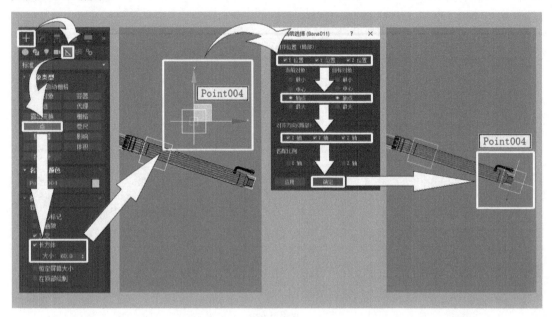

图 2-2-27

步骤 16　在【命令面板】中选择【创建】→在【辅助对象】中选择【点】→在【参数】中勾选【长方体】并调整【大小】到合适的数值→创建并选中 Point005→使用快捷键 Alt＋A 对齐到【Bone013】→勾选【对齐位置：X 位置、Y 位置、Z 位置】，选择【当前对象：轴点】、【目标对象：轴点】和【对齐方向（局部）：X 轴、Y 轴、Z 轴】→单击【确定】，如图 2-2-28 所示。

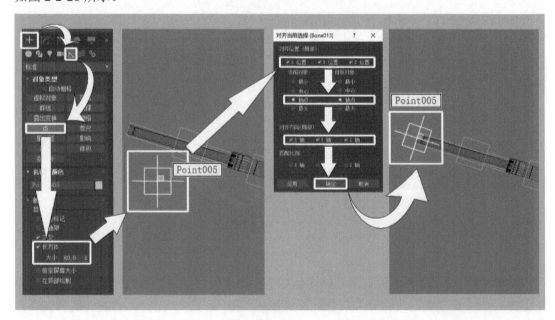

图 2-2-28

步骤 17   选中 Bone011,在【菜单栏】中打开【动画】→单击【约束】→选择【注视约束】到 Point005→选中 Bone013,在【菜单栏】中打开【动画】→单击【约束】→选择【注视约束】到 Point004,如图 2-2-29 所示。

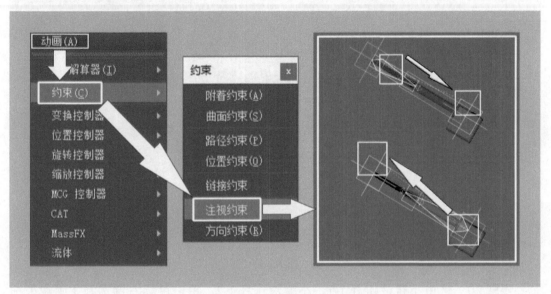

图 2-2-29

步骤 18   在场景视口中单击鼠标右键选择【全部取消隐藏】→在【工具栏】中单击【选择并链接】→选中大臂液压杆 2-1 链接到 Bone011→选中大臂液压杆 2-2 链接到 Bone013,如图 2-2-30 所示。

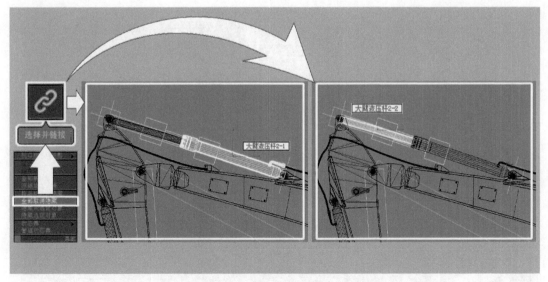

图 2-2-30

步骤 19   在场景视口中单击鼠标右键选择【全部取消隐藏】→在【工具栏】中单击【选择并链接】→将 Point004 链接到 Bone001、Bone011 链接到 Bone001,将 Point005 链接到 Bone002、Bone013 链接到 Bone002,如图 2-2-31 所示。

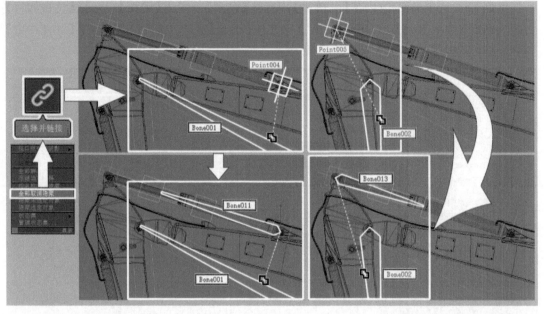

图 2-2-31

步骤 20　选中小臂液压杆 1-1、小臂液压杆 1-2，单击鼠标右键选择【隐藏未选定对象】→在【命令面板】中选择【创建】→在【系统】中单击【骨骼】→创建并选中 Bone015、Bone016、Bone017、Bone018，单击鼠标右键选择【对象属性】的【显示属性】→勾选【显示为外框】，在【命令面板】中选择【修改】→选择【骨骼参数】→在【骨骼对象】中设置合适的【高度】、【宽度】和【锥化】，如图 2-2-32 所示。

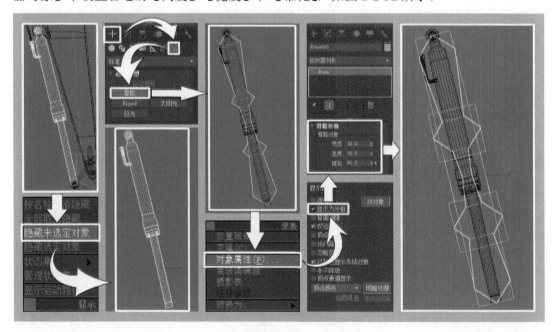

图 2-2-32

步骤 21　选中 Bone015、Bone016、Bone017、Bone018→使用快捷键 Alt＋A 对齐到

【大臂液压杆 2-1】→勾选【对齐位置 (世界)：Y 位置】，选择【当前对象：中心】和【目标对象：中心】→单击【确定】，如图 2-2-33 所示。

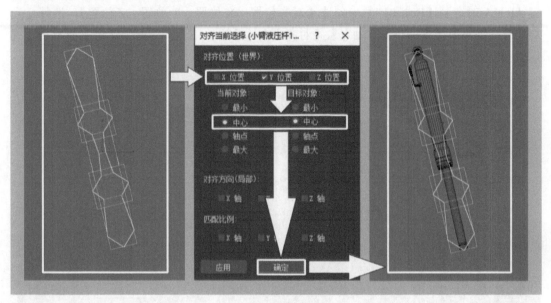

图 2-2-33

步骤 22　在【命令面板】中选择【创建】→在【辅助对象】中选择【点】→在【参数】中勾选【长方体】并调整【大小】到合适的数值→创建并选中 Point006→使用快捷键 Alt + A 对齐到【Bone015】→勾选【对齐位置：X 位置、Y 位置、Z 位置】，选择【当前对象：轴点】、【目标对象：轴点】、【对齐方向 (局部)：X 轴、Y 轴、Z 轴】→单击【确定】，如图 2-2-34 所示。

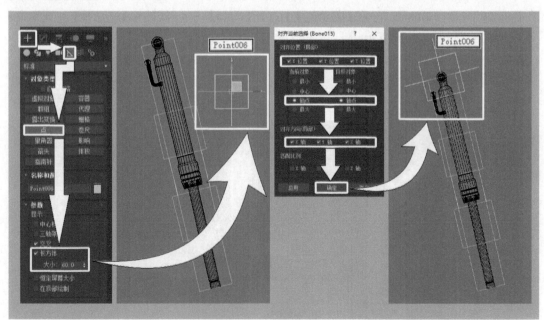

图 2-2-34

　　步骤 23　在【命令面板】中选择【创建】→在【对象类型】中选择【点】→在【参数】中勾选【长方体】并调整【大小】到合适的数值→创建并选中 Point007→使用快捷键 Alt + A 对齐到【Bone017】→勾选【对齐位置：X 位置、Y 位置、Z 位置】，选择【当前对象：轴点】、【目标对象：轴点】、【对齐方向（局部）：X 轴、Y 轴、Z 轴】→单击【确定】，如图 2-2-35 所示。

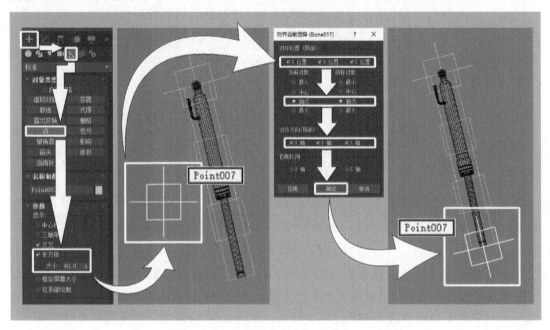

图 2-2-35

　　步骤 24　选中 Bone015→在【菜单栏】中打开【动画】→单击【约束】→选择【注视约束】到 Point007→选中 Bone017→在【菜单栏】中打开【动画】→单击【约束】→选择【注视约束】到 Point006，如图 2-2-36 所示。

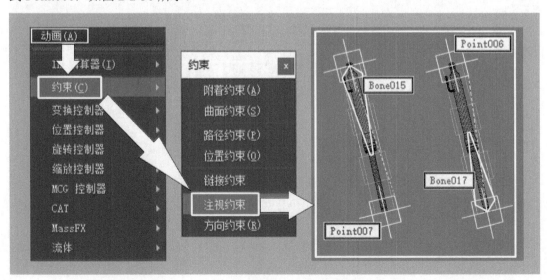

图 2-2-36

步骤 25 在场景视口中单击鼠标右键选择【全部取消隐藏】→选择【工具栏】单击【选择并链接】→选中小臂液压杆 1-1 链接到 Bone015→在【工具栏】中单击【选择并链接】，选中小臂液压杆 1-2 链接到 Bone017，如图 2-2-37 所示。

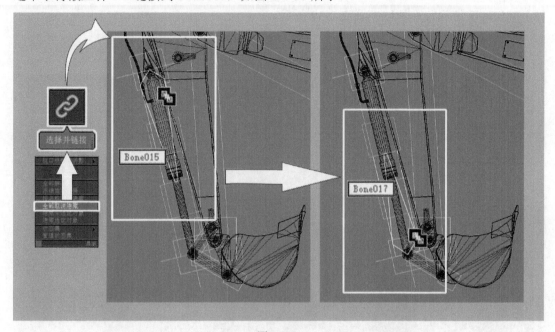

图 2-2-37

步骤 26 在场景视口中单击鼠标右键选择【全部取消隐藏】→在【工具栏】中单击【选择并链接】→将 Point006 链接到 Bone002→将 Bone015 链接到 Bone002→在【工具栏】中单击【选择并链接】→将 Point007 链接到 IK Chain002→将 Bone017 链接到 IK Chain002，如图 2-2-38 所示。

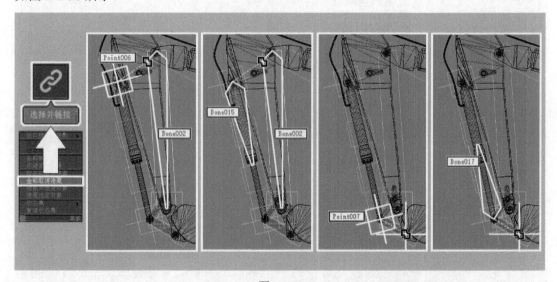

图 2-2-38

步骤 27 选中大臂液压杆 1-2 的骨骼→单击右键选择【孤立当前选择】→在【命令

面板】中单击【修改】→在【骨骼参数】中调整【骨骼对象】的数值→在【工具栏】中使用【对齐】工具，将骨骼对齐到【大臂液压杆 1-2】→勾选【对齐位置 (局部)：Y 位置】，选择【当前对象：轴点】和【目标对象：轴点】→单击【确定】→单击右键选择【对象属性】并勾选【显示为外框】，如图 2-2-39 所示。

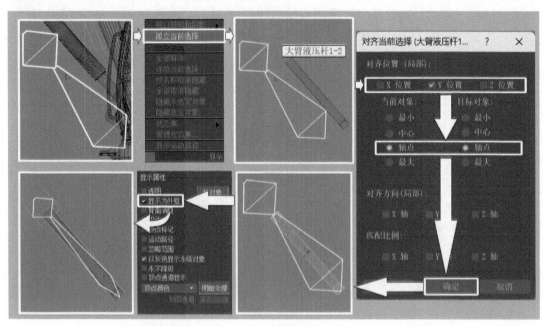

图 2-2-39

步骤 28　按步骤 27 修改大臂液压杆 1-1 的骨骼数值和显示形式，将其对齐到【大臂液压杆 1-1】，如图 2-2-40 所示。

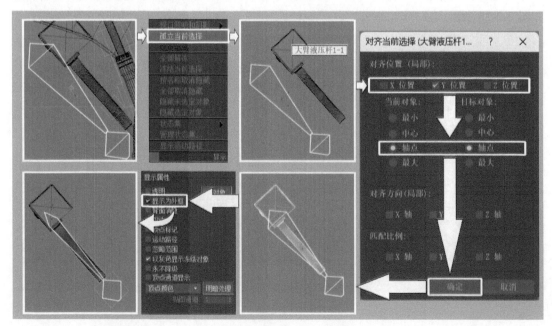

图 2-2-40

步骤 29　在【命令面板】中选择【创建】→在【辅助对象】中单击【点】→在【参数】中勾选【长方体】并调整【大小】到合适的数值→创建并选中 Point010，在【工具栏】中使用【对齐】工具→将点对齐至【大臂液压杆 1-1】的骨骼，如图 2-2-41 所示。

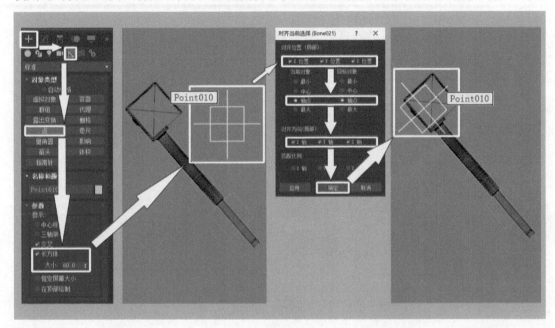

图 2-2-41

步骤 30　在【命令面板】中选择【创建】→在【辅助对象】中单击【点】→在【参数】中勾选【长方体】并调整【大小】到合适的数值→创建并选中 Point011，在【工具栏】中使用【对齐】工具→对齐至【大臂液压杆 1-2】的骨骼，如图 2-2-42 所示。

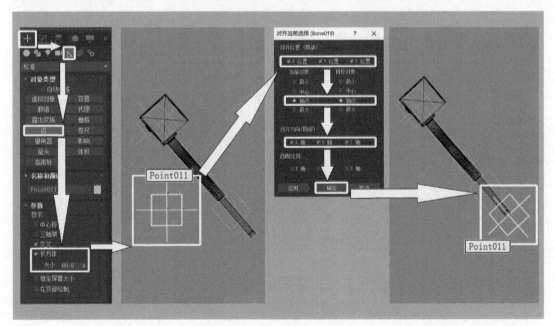

图 2-2-42

步骤 31　　选中大臂液压杆 1-2 的骨骼→在【工具栏】单击【动画】→在【约束】中选择【注视约束】到 Point011→选中大臂液压杆 1-1 的骨骼→在【工具栏】中单击【动画】→在【约束】中选择【注视约束】到 Point010，如图 2-2-43 所示。

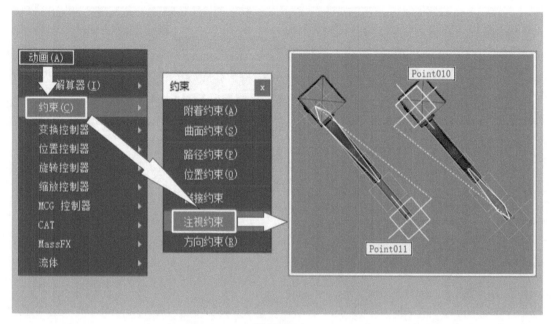

图 2-2-43

步骤 32　　单击鼠标右键选择【结束隔离】→选中 Point010→在【工具栏】中单击【选择并链接】→单击 Bone001→选中 Point011→在【工具栏】中单击【选择并链接】→单击副总控制器，如图 2-2-44 所示。

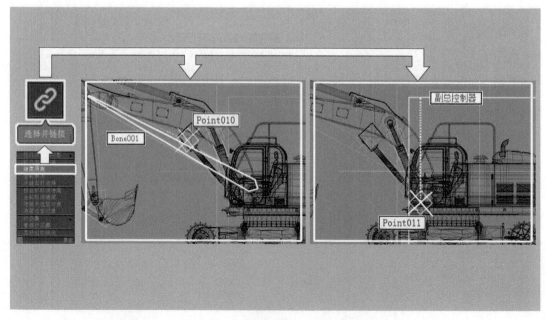

图 2-2-44

步骤 33　单击鼠标右键选择【结束隔离】→选中大臂液压杆 1-1 的骨骼→在【工具栏】中选择【选择并链接】→单击链接 Bone001→选中大臂液压杆 1-2 的骨骼→在【工具栏】中单击【选择并链接】→单击 Bone001，如图 2-2-45 所示。

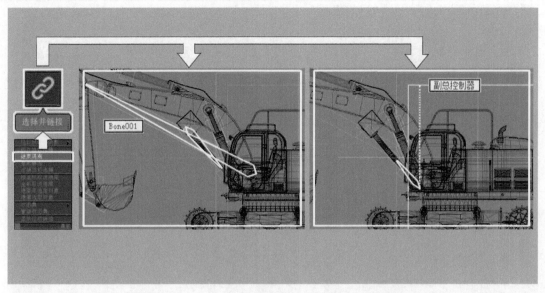

图 2-2-45

步骤 34　选中大臂液压杆 1-1→在【工具栏】中单击【选择并链接】→单击链接大臂液压杆 1-1 的骨骼→选中大臂液压杆 1-2→在【工具栏】中单击【选择并链接】→单击链接大臂液压杆 1-2 的骨骼，如图 2-2-46 所示。

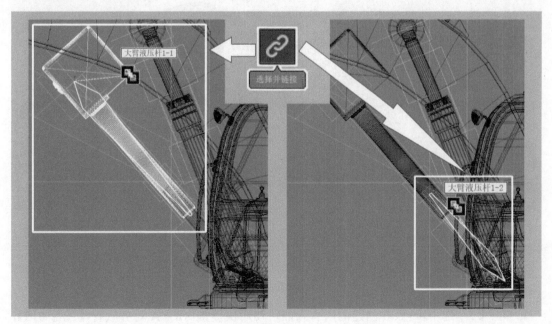

图 2-2-46

步骤 35　选中软管图形 015，使用快捷键 Alt＋Q【孤立当前选择】，使用快捷键 F 切换至前视图→在【命令面板】中单击【创建】→在【系统】中单击【骨骼】，沿着软管【图形 015】的形状创建骨骼链，在空白处单击鼠标右键，选择【结束隔离】，如图 2-2-47、图 2-2-48 所示。

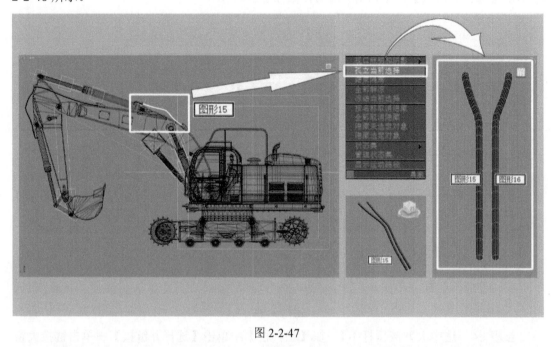

图 2-2-47

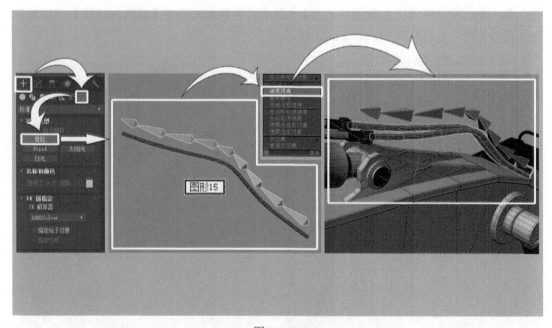

图 2-2-48

步骤 36　选中步骤 35 创建的所有骨骼，使用快捷键 Alt + A 对齐软管【图形 015】，在【对齐位置】中选择【对齐位置 (世界)：Y 位置】→选择【当前对象：轴点】和【目标对象：轴点】→单击【确定】，如图 2-2-49 所示。

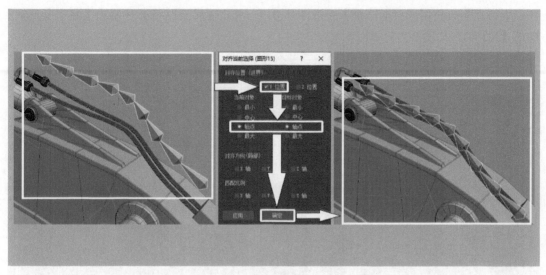

图 2-2-49

步骤 37　选中图形 015 和图形 016，在【命令面板】中选择【修改】→在【修改器列表】中单击【蒙皮】→单击【骨骼】右侧的【添加】，选中步骤 35 创建的骨骼→在【菜单栏】中选择【动画】→在【IK 解算器】中单击【HI 解算器】→移动鼠标至最后一段骨骼上，单击确定链接并创建 IK Chain003，如图 2-2-50 所示。

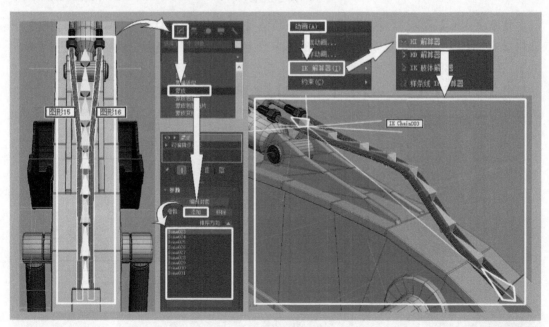

图 2-2-50

重复步骤 35～37，依次将其他软管绑定至挖掘机的机械臂上完成绑定。

案例 10　挖掘机底盘绑定

步骤 1　选中【左履带】→在【命令面板】中选择【修改】→在【修改器列表】中单击【路

径变形绑定】→使用【拾取路径】拾取图形 014→单击【转到路径】→勾选【路径变形轴】
中的【X】轴，如图 2-2-51 所示。

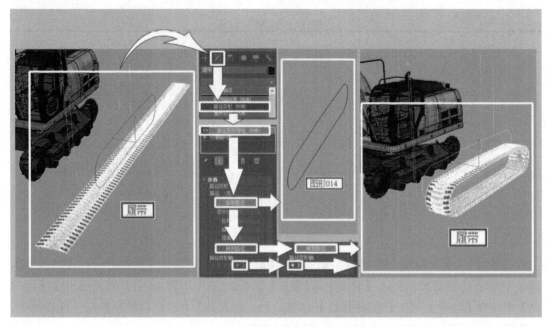

图 2-2-51

步骤 2　在【菜单栏】中单击【动画】→选择【连线参数】→打开【参数连线对话框】→
选中【右轮 01】，在左侧的窗口上方单击【将选定节点刷新到树视图内容】→选中【右轮
02】，在右侧的窗口上方单击【将选定节点刷新到树视图内容】，用此操作在右侧窗口中依
次打开【右轮 03】、【右轮 04】到【右轮 08】，如图 2-2-52 所示。

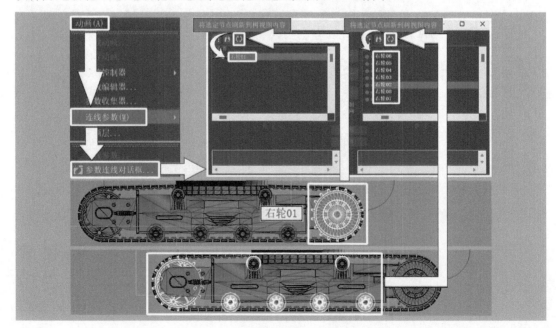

图 2-2-52

　　步骤 3　在【参数关联 #1】左侧窗口中选择【右轮 01】→依次单击打开【变换】卷展栏、【旋转】卷展栏→选中【Z 轴旋转：Bezier 浮点】→在【参数关联 #1】右侧窗口中选择【右轮 02】，依次单击打开【变换】卷展栏、【旋转】卷展栏·选中【Z 轴旋转：Bezier 浮点】→在左右侧窗口中间单击【单向连接：左参数控制右参数】→单击【连接】建立控制。用此操作在右侧窗口中依次建立连接【右轮 3】到【右轮 8】，如图 2-2-53 所示。

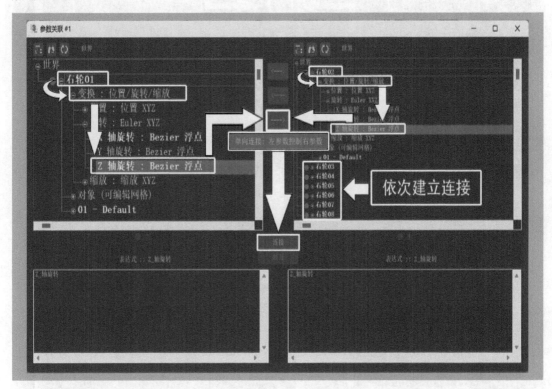

图 2-2-53

　　步骤 4　重复步骤 2 和步骤 3 的操作，在【参数关联 #1】左侧窗口中添加【左轮 01】，打开【变换】并选中【Z 轴旋转：Bezier 浮点】→依次将【左轮 02】到【左轮 08】添加到【参数关联 #1】右侧窗口中→依次选中【左轮 02】到【左轮 08】的【Z 轴旋转：Bezier 浮点】，在窗口中间单击【单向连接：左参数控制右参数】，并单击【连接】建立控制。

　　步骤 5　选中【右轮 01】→在【菜单栏】中选择【动画】→单击【连线参数】→打开【参数关联 #1】→在左侧窗口选中单击【将选定节点刷新到树视图内容】→选中【右履带】，在右侧窗口选中单击【将选定节点刷新到树视图内容】→打开【右轮 01】的【变换】、【旋转】，选中【X 轴旋转：Bezier 浮点】，打开【右履带】的【空间扭曲】、【路径变形绑定】，选中【沿路径百分比：Bezier 浮点】→在窗口中间单击【单向连接：左参数控制右参数】→单击【连接】建立控制。重复此操作，连接建立【左轮 01】对【左履带】的控制，如图 2-2-54、图 2-2-55 所示。

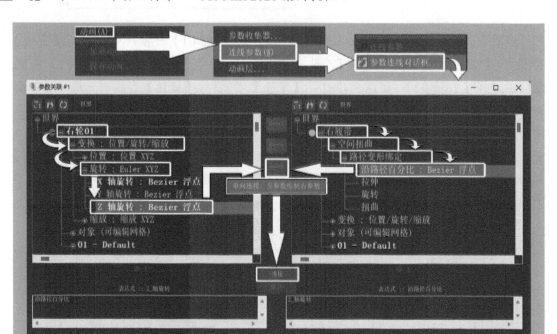

图 2-2-54

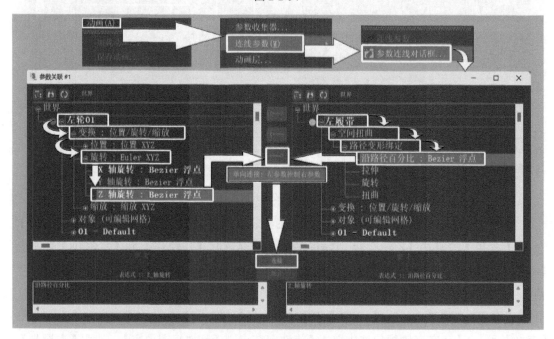

图 2-2-55

步骤 6   选中【总控制器】→在【菜单栏】中选择【动画】→单击【连线参数】→打开
【参数关联 #1】→在左侧窗口中单击【将选定节点刷新到树视图内容】，选中【右轮 01】，
打开【参数关联 #1】→在右侧窗口选中单击【将选定节点刷新到树视图内容】，打开【总
控制器】的【变换】、【位置】，选中【Y 位置：Bezier 浮点】→打开【右轮 01】的【变换】、
【旋转】，选中【X 轴旋转：浮点连线】→在窗口中间单击【单向连接：左参数控制右参

数】→单击【连接】建立控制。重复此操作,连接建立【总控制器】对【左轮 01】的控制,完成案例制作,如图 2-2-56、图 2-2-57 所示。

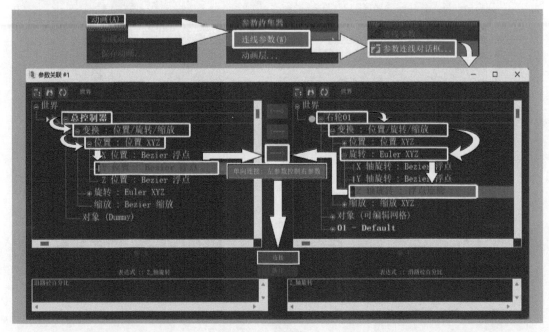

图 2-2-56

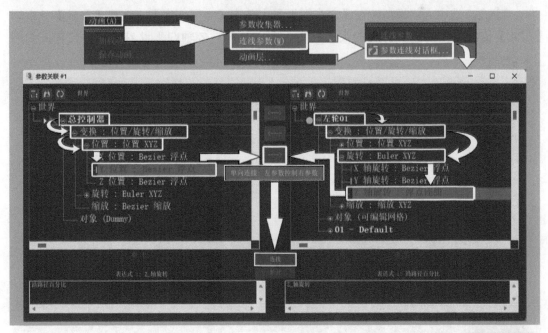

图 2-2-57

案例 11 人物骨骼绑定(Biped 骨骼绑定)

步骤 1 在【菜单栏】中选择【文件】单击【导入】→将人物模型导入场景视口中,

如图 2-2-58 所示。

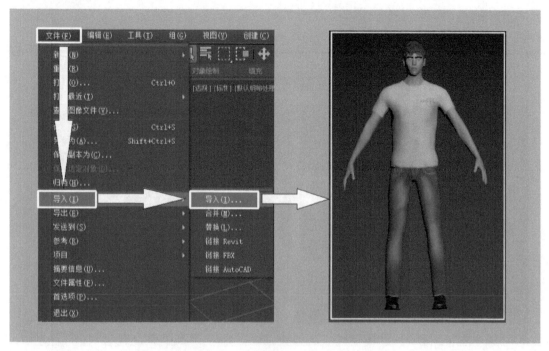

图 2-2-58

步骤 2　选中人物模型→在【命令面板】中单击【实用程序】→选择【测量】→根据
【尺寸】信息将人物调到合适的大小→将 X 轴、Y 轴、Z 轴归于世界坐标并归零，如图
2-2-59 所示。

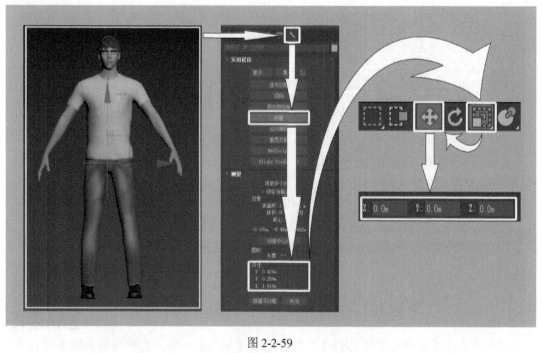

图 2-2-59

步骤 3 在【命令面板】中选择【创建】→在【系统】中选择【Biped】→在场景视口中创建和人物模型大小相仿的人物骨骼 Bip001，如图 2-2-60 所示。

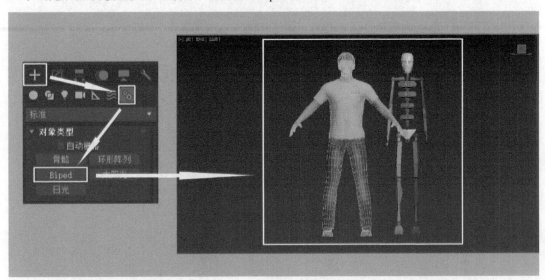

图 2-2-60

步骤 4 选中人物→单击鼠标右键选择【冻结当前选择】→选中人物骨骼 Bip001→在【工具栏】中选择【视图】→将参考坐标系调整为【局部】，如图 2-2-61 所示。

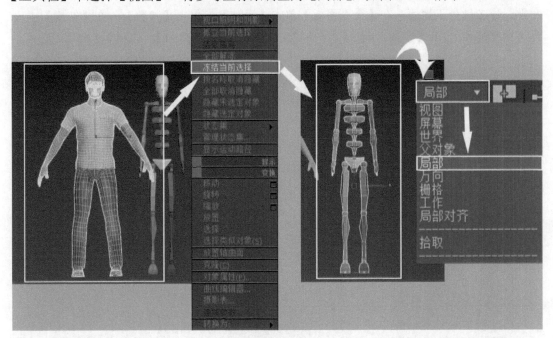

图 2-2-61

步骤 5 在【场景资源管理器】中选择【Bip001】→在【命令面板】中选择【运动】→单击【参数】→选择【体型模式】→单击【轨迹选择】，将【躯干水平】、【躯干垂直】、【躯干旋转】、【锁定 COM 关键点】打开，如图 2-2-62 所示。

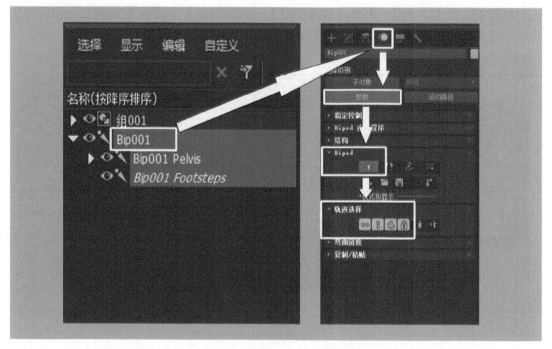

图 2-2-62

步骤 6　在【场景资源管理器】选择【Bip001】→将 X 轴、Y 轴、Z 轴的世界坐标归零，让 Z 轴处于地面→在【命令面板】单击【运动】→单击【参数】→在【结构】中设置【脊椎链接：2】、【手指：5】、【手指链接：3】、【脚趾链接：1】，如图 2-2-63 所示。

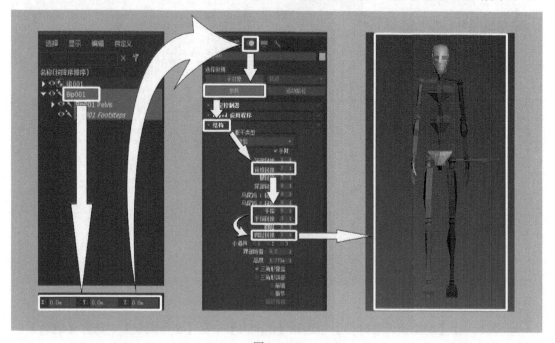

图 2-2-63

步骤 7　选中并拖动 Bip001 至骶骨的位置→通过【缩放】、【旋转】、【移动】将 Bip001

Pelvis 调整到合适的位置，切换【透视图】让骨骼露出模型一点即可，如图 2-2-64、图 2-2-65 所示。

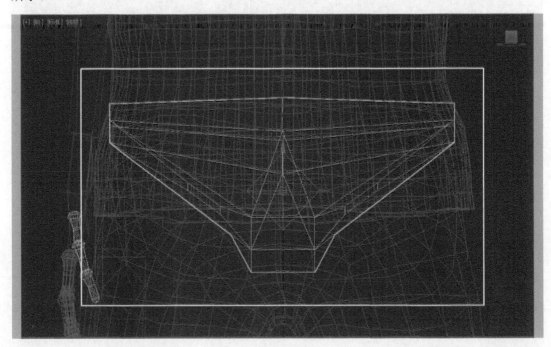

图 2-2-64

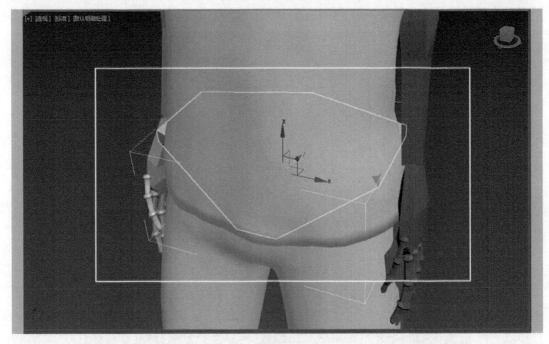

图 2-2-65

步骤 8　将两节脊椎骨骼分别放到胸部和腰部位置，通过【缩放】、【旋转】、【移动】将 Bip001 Spine1、Bip001 Spine 调整到合适的位置，通过侧视图和透视图观察，遵守骨骼上半身靠后的原则，如图 2-2-66 所示。

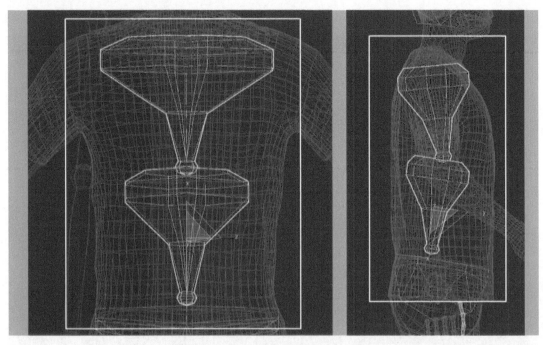

图 2-2-66

步骤 9　同理，按前步骤操作，选中 Bip001 Neck，通过【缩放】、【旋转】、【移动】调整到合适的位置，如图 2-2-67 所示。

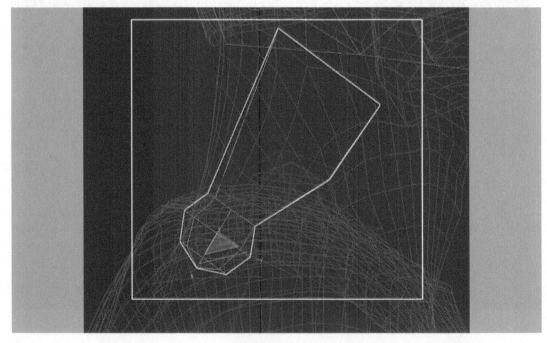

图 2-2-67

步骤 10　选中 Bip001 Head，通过【缩放】、【旋转】、【移动】将 Bip001 Head 的眼窝

与人物模型的眼睛对齐，如图 2-2-68 所示。

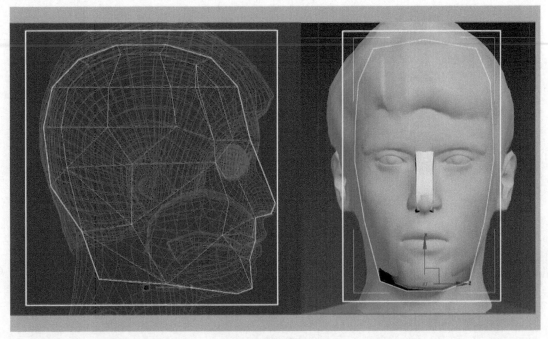

图 2-2-68

步骤 11　选中 Bip001 R Clavicle，通过【缩放】、【旋转】、【移动】将 Bip001 R Clavicle
贴合肩部斜面和骨骼转折点，如图 2-2-69 所示。

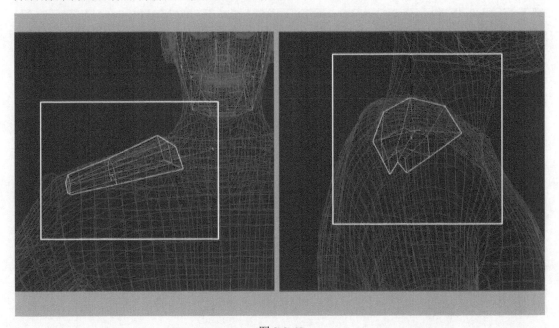

图 2-2-69

步骤 12　选中 Bip001 R UpperArm、Bip001 R Forearm、Bip001 R Hand，通过【缩放】、
【旋转】、【移动】将 Bip001 R UpperArm、Bip001 R Forearm、Bip001 R Hand 的每一个关

节靠后对齐人物模型的关节，如图 2-2-70 所示。

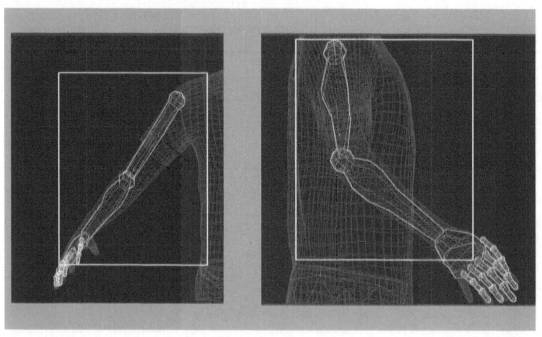

图 2-2-70

步骤 13　将 Bip001 R Finger0、Bip001 R Finger01、Bip001 R Finger02 的关节对齐人物模型的大拇指关节，如图 2-2-71 所示。

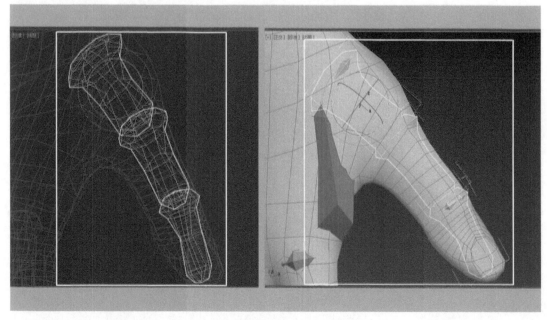

图 2-2-71

步骤 14　将剩余的 4 根手指的骨骼关节对齐到人物模型的手指关节，如图 2-2-72 所示。

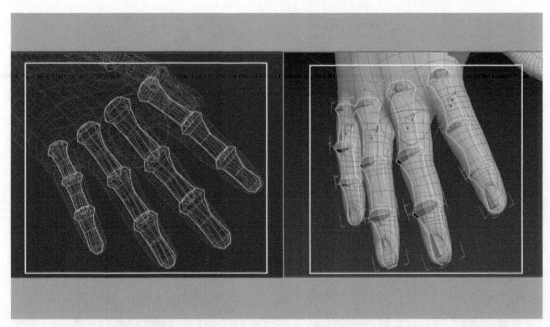

图 2-2-72

步骤 15　双击 Bip001 R Clavicle→在【命令面板】选择【运动】→单击【参数】选择【复制 / 粘贴】→选择【创建集合】，单击【复制姿态】，单击【向对面粘贴姿态】，如图 2-2-73 所示。

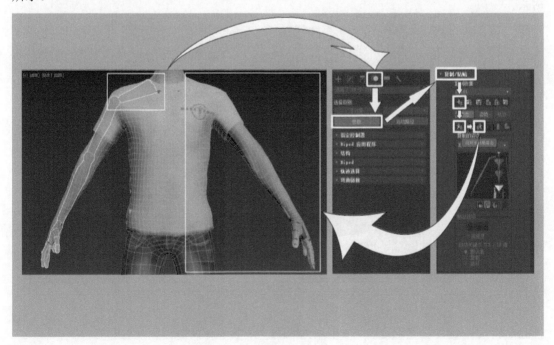

图 2-2-73

步骤 16　选中 Bip001 R Thigh、Bip001 R Calf、Bip001 R Foot 对齐人物模型的大腿、小腿和脚部关节。通过侧视图和透视图观察，遵循骨骼下半身靠前的原则，如图 2-2-74 所示。

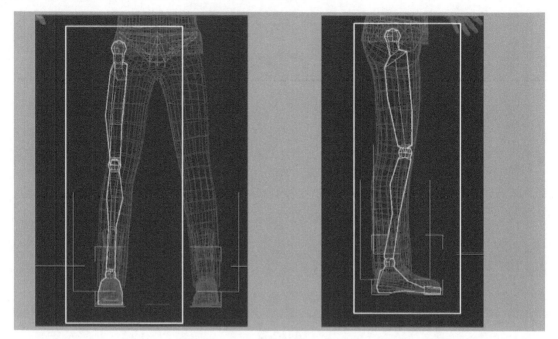

图 2-2-74

步骤 17　双击 Bip001 R Thigh→在【命令面板】中选择【运动】→单击【参数】选择【复制 / 粘贴】→选择【创建集合】，单击【复制姿态】，单击【向对面粘贴姿态】，如图 2-2-75所示。

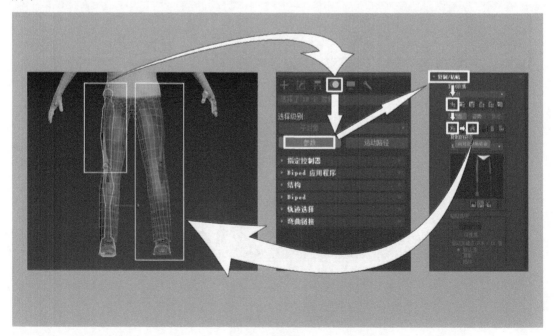

图 2-2-75

步骤 18　在【场景资源管理器】中选择【Bip001】→单击鼠标右键选择【对象属性】→在【常规】的【显示属性】中勾选【显示为外框】→单击【确定】，如图 2-2-76 所示。

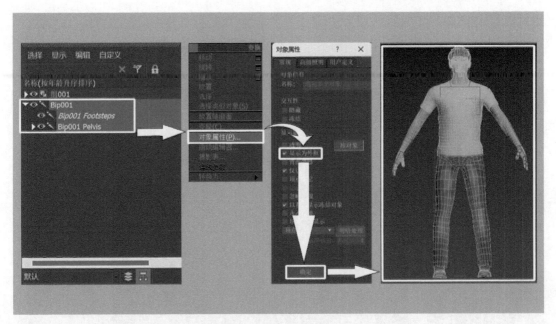

图 2-2-76

步骤 19　在场景视口中单击鼠标右键选择【全部解冻】→选中人物模型→在【命令面板】单击【修改】→在【修改器列表】选择【蒙皮】→在【参数】中选择【骨骼：添加】→使用快捷键 Ctrl＋A 全选骨骼→单击【选择】，完成案例制作，如图 2-2-77 所示。

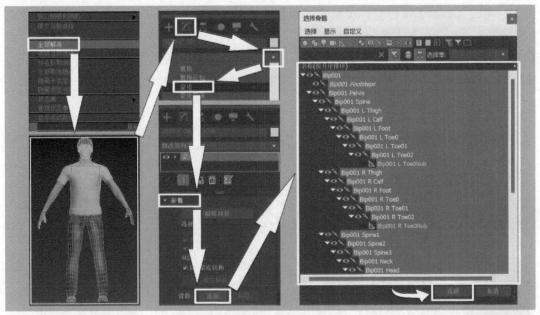

图 2-2-77

案例 12　骨骼权重绘制

步骤 1　选中人物模型→在【命令面板】中选择【修改】→在【显示】中勾选【不显

示封套】，如图 2-2-78 所示。

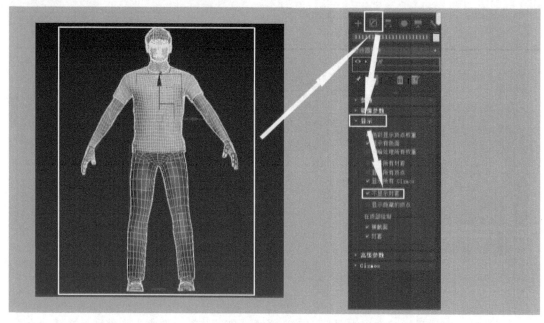

图 2-2-78

步骤 2   在【命令面板】中选择【修改】→在【参数】选择【编辑封套】→勾选【顶点】→选中腹部的骨骼，使用快捷键 Ctrl + A 全选所有的点→在【命令面板】选择【修改】→单击【参数】→在选择【权重属性】中使用【权重工具】，给选中的点 1 的权重值（权重值 1 至 0 分别代表骨骼影响的大小，数值越大影响越大，数值越小影响越小。可以在【高级参数】中将每个骨骼【移除零权重】），如图 2-2-79 所示。

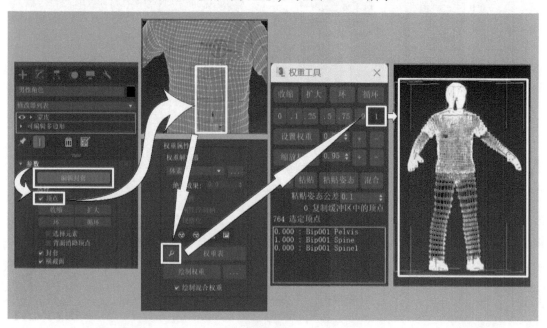

图 2-2-79

步骤 3　在【工具栏】中将【矩形选择区域】改为【套索选择区域】，如图 2-2-80 所示。

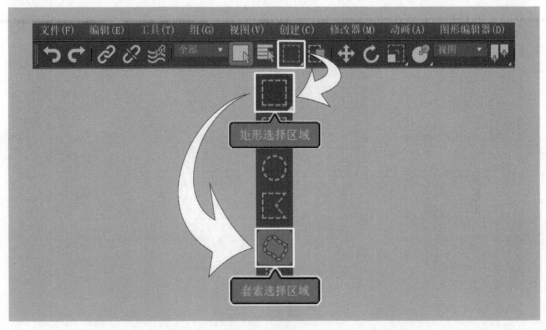

图 2-2-80

步骤 4　选中头部骨骼，用【套索选择区域】工具将骨骼影响的顶点选中，脖子往下部分逐渐减少权重值，如图 2-2-81 所示。

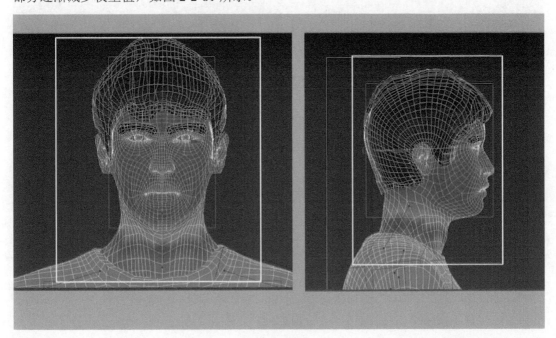

图 2-2-81

步骤 5　选中脖子处的骨骼，用【套索选择区域】工具将骨骼影响的顶点选中，脖子往上越靠近头部权重值越小，脖子往下越靠近锁骨权重值就越小，如图 2-2-82 所示。

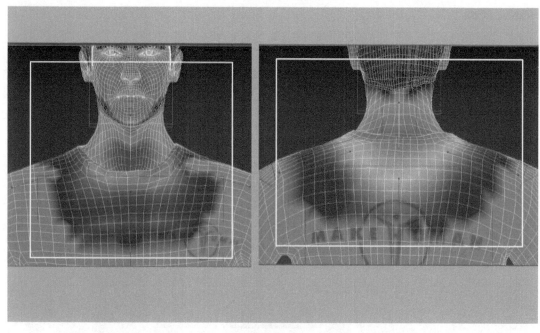

图 2-2-82

　　步骤 6　选中肩膀的骨骼，用【套索选择区域】工具将骨骼影响的顶点选中，肩膀往上越靠近脖子权重值越小，肩膀往下越靠近大臂权重值越小，如图 2-2-83 所示。

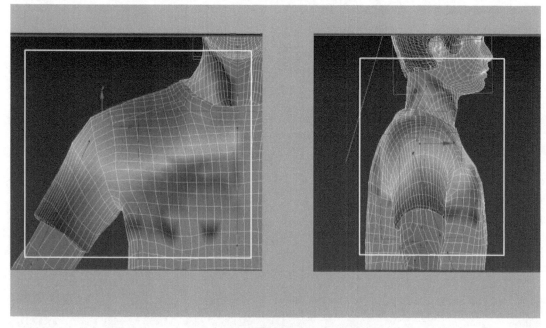

图 2-2-83

　　步骤 7　选中大臂处的骨骼，用【套索选择区域】工具将骨骼影响的顶点选中，大臂往上越靠近肩膀权重值越小，大臂往下越靠近小臂权重值就越小，如图 2-2-84 所示。

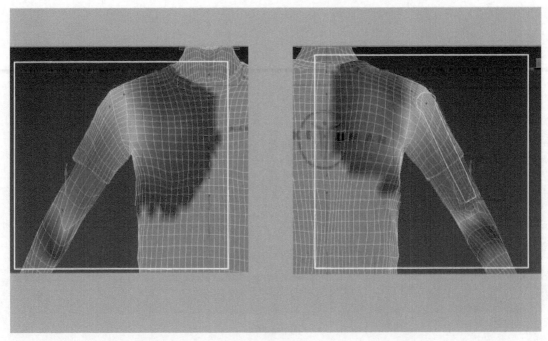

图 2-2-84

步骤 8　选中小臂处的骨骼，用【套索选择区域】工具将骨骼影响的顶点选中，小臂往上越靠近大臂权重值越小，小臂往下越靠近手掌权重值就越小，如图 2-2-85 所示。

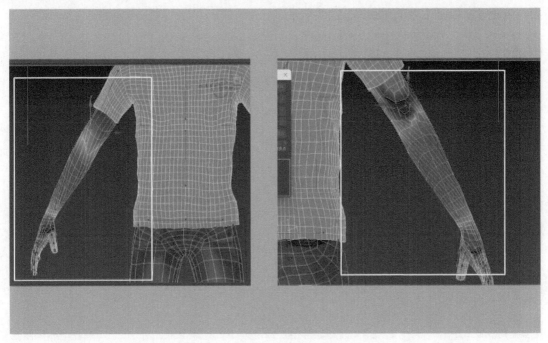

图 2-2-85

步骤 9　选中手掌处的骨骼，用【套索选择区域】工具将骨骼影响的顶点选中，手掌往上越靠近小臂权重值越小，手掌往下越靠近指关节权重值就越小，如图 2-2-86 所示。

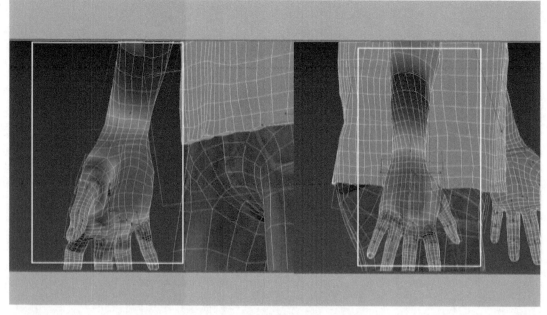

图 2-2-86

步骤 10　选中大拇指处靠近手掌处的骨骼，用【套索选择区域】工具将骨骼影响的顶点选中，指骨往上越靠近手掌权重值就越小，指骨往下越靠近第二节大拇指骨节权重值就越小。大拇指第二节关节处越靠近第一关节权重值越小，越靠近指尖权重值越小。大拇指指尖处骨骼权重值为 1，如图 2-2-87 所示。

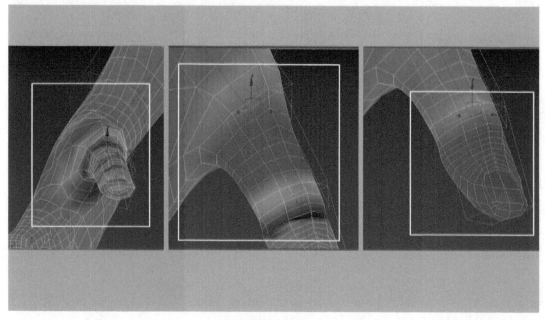

图 2-2-87

步骤 11　选中食指处靠近手掌处的骨骼，用【套索选择区域】工具将骨骼影响的顶点选中，指骨往上越靠近手掌权重值就越小，指骨往下越靠近第二节中指骨节权重值就越小。食指第二节关节越靠近第一关节权重值就越小，越靠近指尖权重值越小。食指指尖处骨骼权重值为 1，如图 2-2-88 所示。

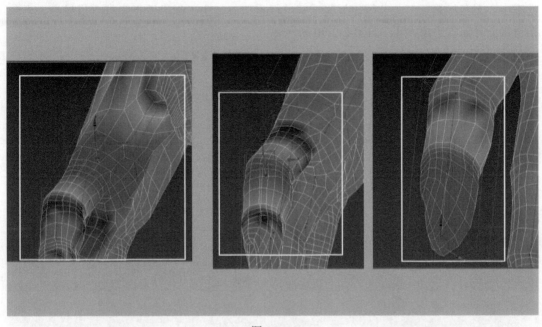

图 2-2-88

步骤 12   选中指处靠近手掌处的骨骼，用【套索选择区域】工具将骨骼影响的顶点选中，指骨往上越靠近手掌权重值就越小，指骨往下越靠近第二中指骨节权重值就越小。中指第二节关节越靠近第一关节权重值就越小，越靠近指尖权重值越小。中指指尖处骨骼权重值为 1，如图 2-2-89 所示。

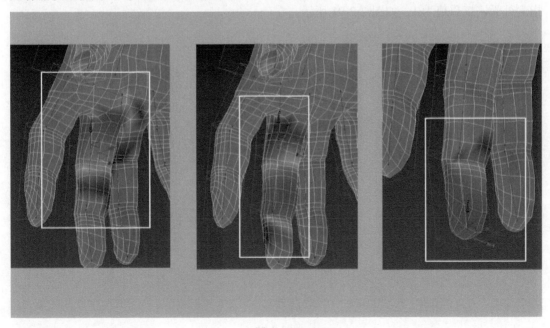

图 2-2-89

步骤 13　选中无名指处靠近手掌处的骨骼，用【套索选择区域】工具将骨骼影响的顶点选中，指骨往上越靠近手掌权重值就越小，指骨往下越靠近第二节无名指骨节权重值就越小。无名指第二节关节越靠近第一关节权重值就越小，越靠近指尖权重值越小。无名指指尖处骨骼权重值为 1，如图 2-2-90 所示。

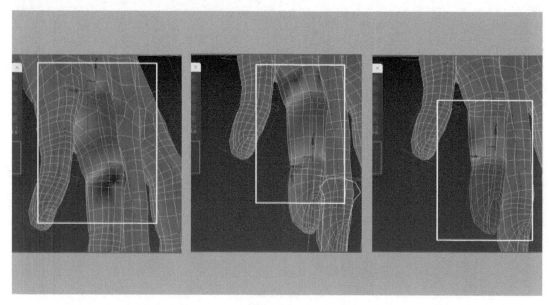

图 2-2-90

步骤 14　选中小拇指靠近手掌处的骨骼，用【套索选择区域】工具将骨骼影响的顶点选中，指骨往上越靠近手掌权重值就越小，指骨往下越靠近第二节小拇指骨节权重值就越小。小拇指第二节关节越靠近第一关节权重值就越小，越靠近指尖权重值越小。小拇指指尖处骨骼权重值为 1，如图 2-2-91 所示。

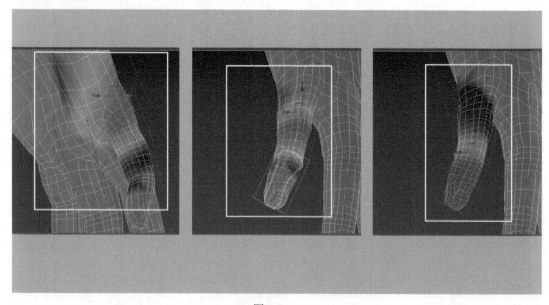

图 2-2-91

步骤 15 选中胸腔的骨骼,用【套索选择区域】工具将骨骼影响的顶点选中,胸腔骨骼往上越靠近肩膀权重值就越小,胸腔骨骼往下越靠近腹部权重值就越小。背面同理,越靠近肩膀和脖子权重值就越小,越靠近下背部权重值就越小,如图 2-2-92 所示。

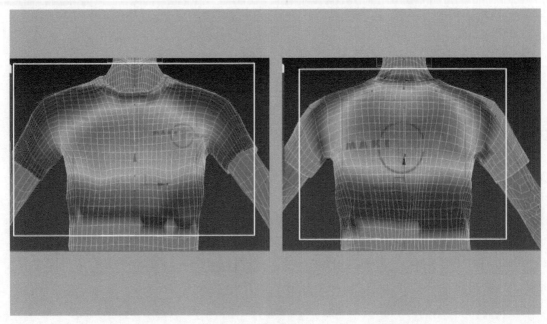

图 2-2-92

步骤 16 选中腹部的骨骼,用【套索选择区域】工具将骨骼影响的顶点选中,腹部骨骼往上越靠近胸腔权重值就越小,腹部骨骼往下越靠近胯部权重值就越小。背面同理,越靠近上背部权重值就越小,越靠近大腿骨骼权重值就越小,如图 2-2-93 所示。

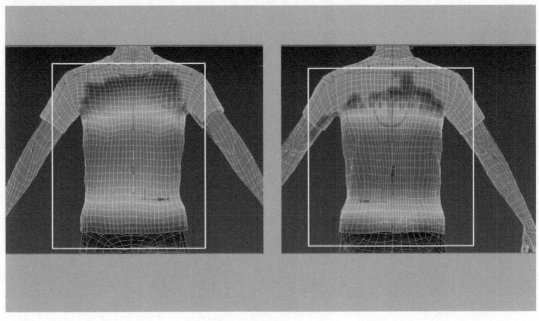

图 2-2-93

步骤 17　选中胯部的骨骼，用【套索选择区域】工具将骨骼影响的顶点选中，胯部骨骼往上越靠腹部权重值就越小，胯部骨骼往下越靠近大腿权重值就越小。背面同理，越靠近背部权重值就越小，越靠大腿权重值就越小，如图 2-2-94 所示。

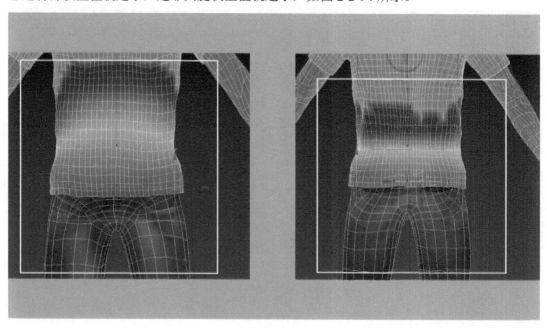

图 2-2-94

步骤 18　选中大腿的骨骼，用【套索选择区域】工具将骨骼影响的顶点选中，大腿骨骼往上越靠近胯部权重值就越小，大腿骨骼往下越靠近小腿权重值就越小，如图 2-2-95 所示。

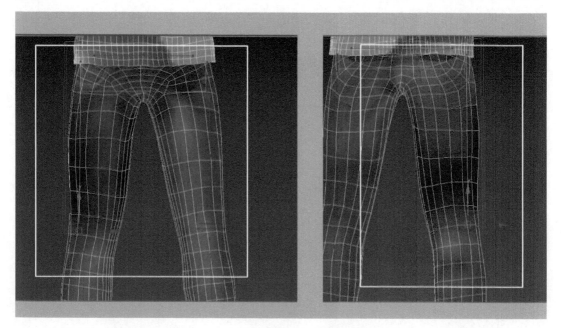

图 2-2-95

步骤 19　选中小腿的骨骼，用【套索选择区域】工具将骨骼影响的顶点选中，小腿骨骼往上越靠近大腿权重值就越小，小腿骨骼往下越靠近脚踝权重值就越小，如图 2-2-96 所示。

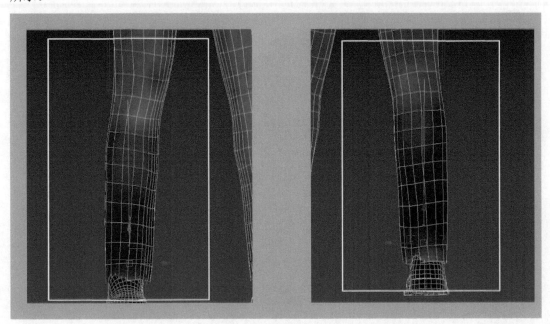

图 2-2-96

步骤 20　选中脚踝处的骨骼，用【套索选择区域】工具将骨骼影响的顶点选中，脚踝处骨骼往上越靠近小腿权重值就越小，脚踝处骨骼往下越靠近脚前掌权重值就越小，如图 2-2-97 所示。

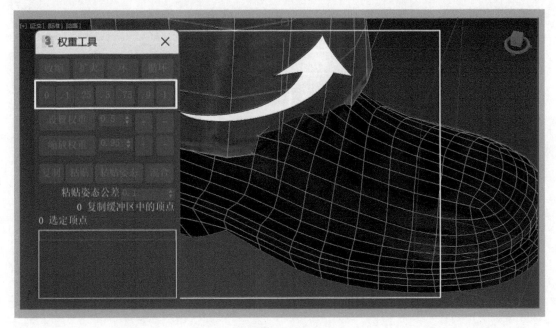

图 2-2-97

步骤 21　选中前脚掌处的骨骼,用【套索选择区域】工具将骨骼影响的顶点选中,前脚掌处骨骼往上越靠近脚踝权重值就越小,前脚掌骨骼靠近脚尖权重值最大,如图 2-2-98 所示。

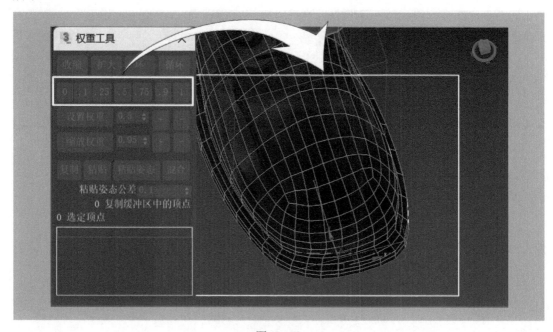

图 2-2-98

步骤 22　在【命令面板】中选择【修改】→在【蒙皮】修改器的【参数】中选择【编辑封套】→在【镜像参数】中选择【镜像模式】,设置适当【镜像阈值】→将顶点信息从左侧粘贴到右侧,再根据模型修正权重值的大小,完成案例制作,如图 2-2-99 所示。

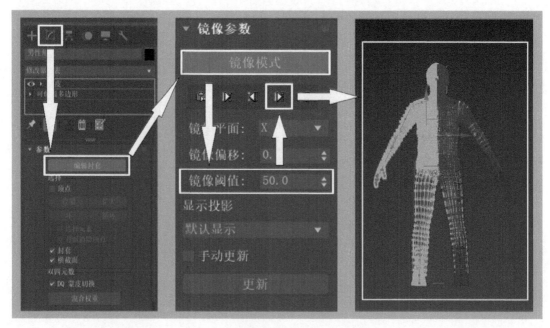

图 2-2-99

案例 13 人物服饰骨骼绑定（Bone、Biped 骨骼混合绑定）

步骤 1 导入案例 12，在【命令面板】中选择【创建】→在【系统】中选择【骨骼】→使用快捷键 F3 切换到线框显示模式→使用快捷键 F 切换到正视图→从上至下沿着围裙边缘创建骨骼，如图 2-2-100 所示。

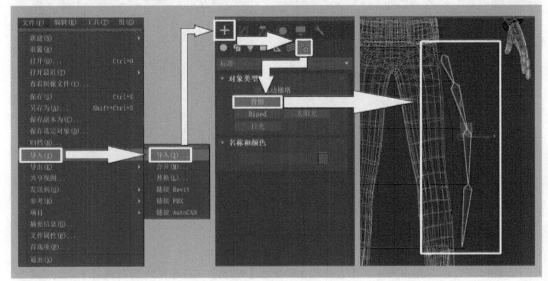

图 2-2-100

步骤 2 双击 Bone001→在【工具栏】中单击【镜像】→在【克隆当前选择】中勾选【复制】→单击【确定】，将复制的骨骼移动到另一边，如图 2-2-101 所示。

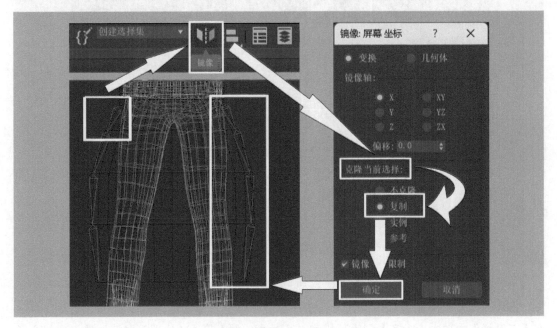

图 2-2-101

步骤 3　使用快捷键 L 切换左视图，从上至下沿着围裙边缘创建骨骼，如图 2-2-102 所示。

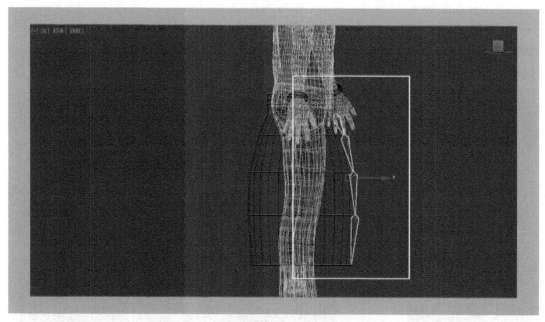

图 2-2-102

步骤 4　双击 Bone009→在【工具栏】中单击【镜像】→在【克隆当前选择】中勾选【复制】，将复制的骨骼移动到另一边，如图 2-2-103 所示。

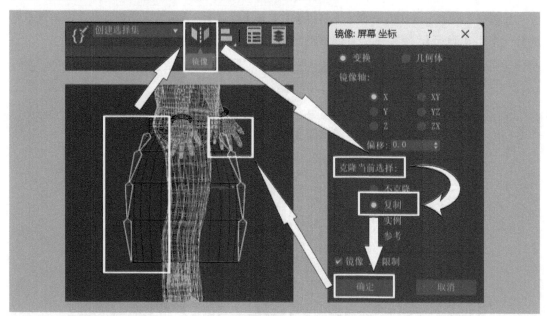

图 2-2-103

步骤 5　使用快捷键 F 切换到正视图→在手环模型正中间创建骨骼 Bone017 并选中→在【工具栏】中单击【对齐】到手环模型→【对齐位置】将【Y 位置】取消勾选→选择【当

前对象：中心】、【目标对象：中心】，如图 2-2-104 所示。

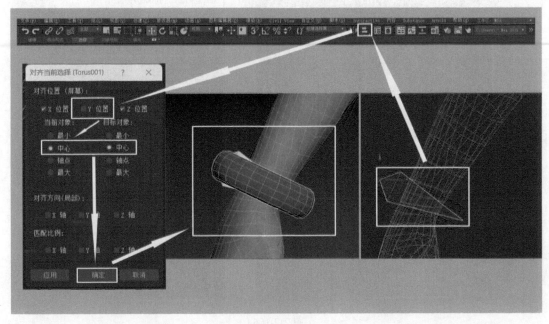

图 2-2-104

步骤 6 选中左侧手环的骨骼 Bone017→在【工具栏】中使用【镜像】工具→在【镜像轴】中勾选【X】→在【克隆当前选择】中单击【复制】→单击【确定】。选中右侧手环的骨骼 Bone018→在【工具栏】中使用【对齐】工具对其到手环模型→在【对齐位置 (屏幕)】中勾选【X 位置】、【Y 位置】、【Z 位置】→选择【当前对象：中心】、【目标对象：中心】→单击【确定】，如图 2-2-105、图 2-2-106 所示。

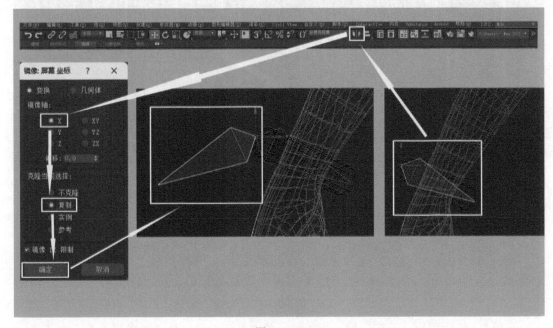

图 2-2-105

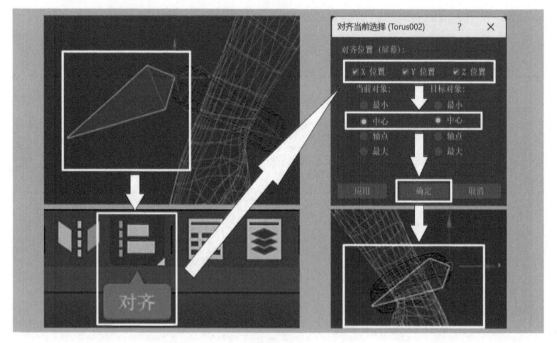

图 2-2-106

步骤 7 使用快捷键 L 切换到左视图→在帽子正中间创建骨骼 Bone019 并选中→在【工具栏】中单击【对齐】→【对齐位置 (屏幕)】全部勾选→选择【当前对象：中心】、【目标对象：中心】，单击【确定】，如图 2-2-107 所示。

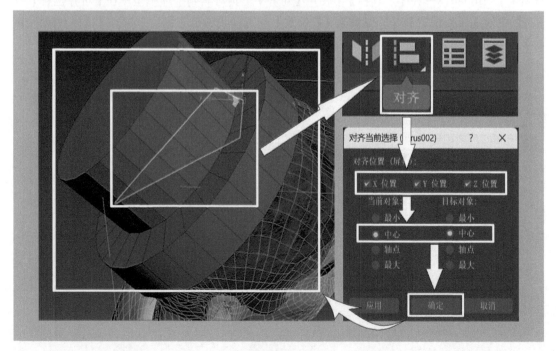

图 2-2-107

步骤 8 选中围裙、手环、帽子的骨骼，单击鼠标右键选择【对象属性】→在【显示属性】中勾选【显示为外框】，如图 2-2-108 所示。

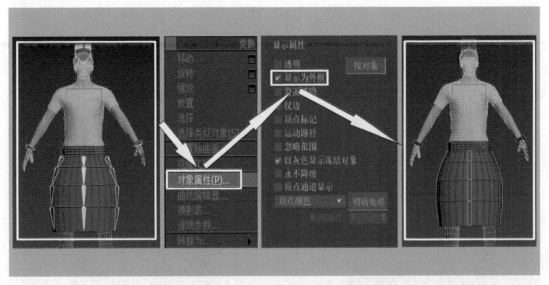

图 2-2-108

步骤 9 在人物底部创建骨骼 Bone020→在【工具栏】单击【选择并链接】→用 Bip001 链接 Bone020，如图 2-2-109 所示。

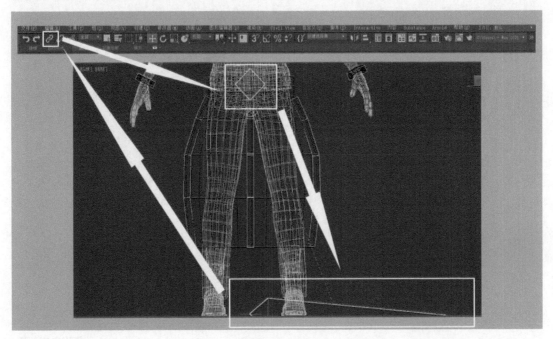

图 2-2-109

步骤 10 选中左手手环模型→在【工具栏】中单击【选择并链接】→链接到 Bone017，继续链接到 Bip001 L Forearm。重复操作，将右手手环模型链接到 Bone018，继续链接到 Bip001 R Forearm。将围裙模型蒙皮到 Bone001 至 Bone016，将 Bone001、Bone005、Bone009、Bone013 链接到 Bip001 Spine。将帽子模型链接到 Bone019，继续链接到 Bip001 Head，完成案例制作，如图 2-2-110、图 2-2-111 所示。

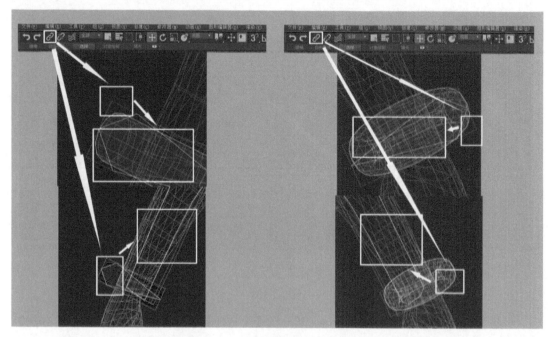

图 2-2-110

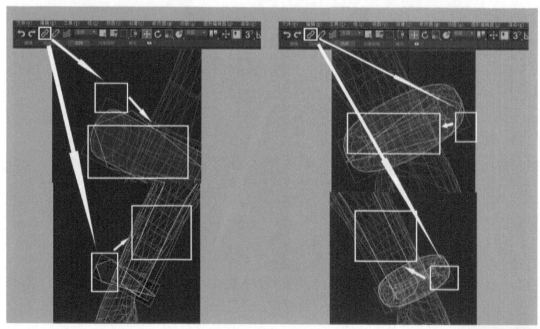

图 2-2-111

案例 14　人物走路动画制作

步骤 1　导入案例 12，在【场景资源管理器】中选中【Bip001】→在【命令面板】中选择【运动】→单击【参数】，在【Biped】中关闭【体型模式】→打开【轨迹选择】，将

【躯干水平】、【躯干垂直】、【躯干旋转】、【锁定 COM 关键点】打开→打开【关键帧工具】，点击【启用子动画】，如图 2-2-112 所示。

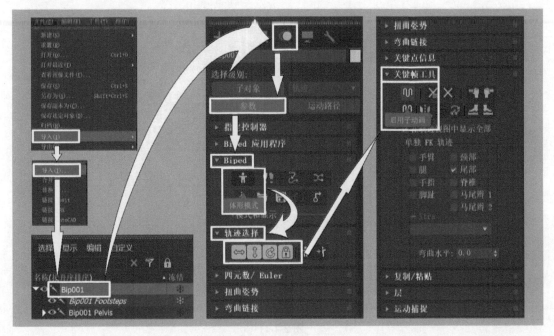

图 2-2-112

步骤 2　打开【动画控制区】的【时间配置】，选择【帧速率】→选择【PAL】→在【动画】中设置【结束时间：32】→单击【确定】，如图 2-2-113 所示。

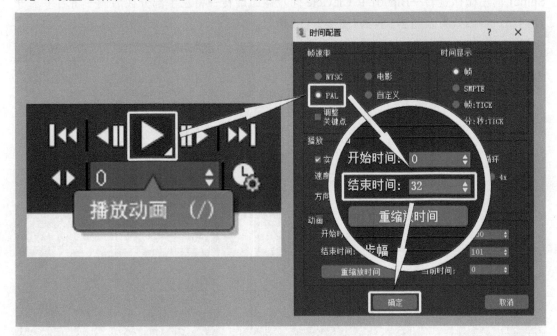

图 2-2-113

步骤 3　使用快捷键 L 切换到左视图，移动【时间滑块】到第 0 帧，点击【自动】打开自动关键点→在【工具栏】将【移动】、【旋转】、【缩放】均改为【局部】坐标，如图 2-2-114 所示。

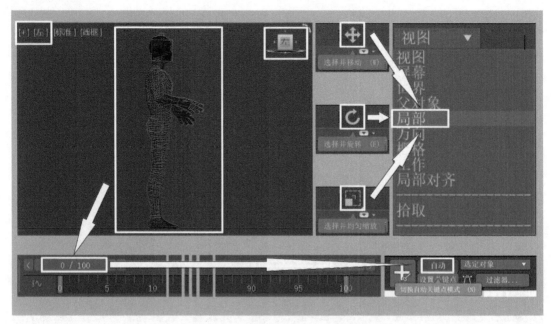

图 2-2-114

步骤 4　在【命令面板】中单击【运动】→选择【参数】→在【关键点信息】中选择【设置滑动关键点】→在第 0 关键帧摆出腿部姿势→将 Bip001 Pelvis 向右微微旋转→Bip001 Spine1 向左微微旋转→Bip001 R Clavicle 向左微微旋转→将左手部分往后调→将右手部分往前调，整体效果如图 2-2-115、图 2-2-116 所示。

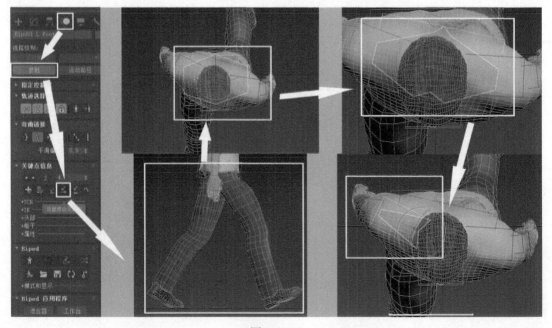

图 2-2-115

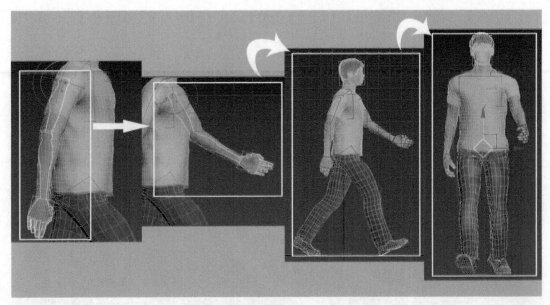

图 2-2-116

步骤 5　将全部骨骼选中→在时间轴中选中第 0 帧，按住 Shift 键移动到第 16 帧和第 32 帧→将【时间滑块】移动到第 16 帧并单击第 16 帧关键帧点→在【命令面板】中单击【运动】→选择【参数】→在【复制 / 粘贴】中选择【姿势】→单击【复制姿势】→再单击【向对面粘贴姿势】，整体效果如图 2-2-117 所示。

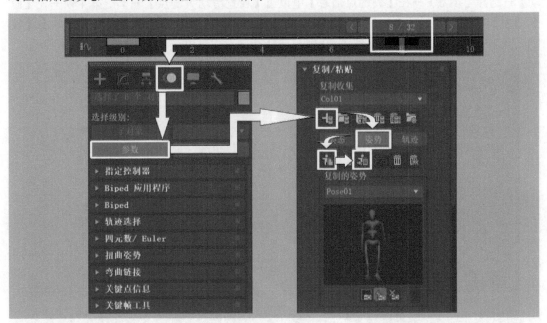

图 2-2-117

步骤 6　将【时间滑块】移动到第 8 帧→摆出腿部姿势→在【命令面板】中单击【运动】→选择【参数】→在【关键点信息】设置【设置滑动关键点】→选中【Bip001】向上移动使左脚贴合地面→将全部骨骼选中→单击第 8 帧→在【命令面板】中选择【运动】→

单击【参数】→在【复制／粘贴】中选择【姿势】→单击【复制姿势】→将【时间滑块】
移到第 24 帧→选择【向对面粘贴姿势】，如图 2-2-118 所示。

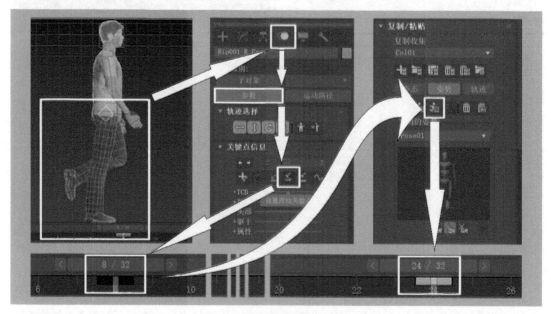

图 2-2-118

步骤 7　将【时间滑块】移动到第 4 帧→摆出腿部姿势→在【命令面板】中单击【运动】→选择【参数】→在【关键点信息】中单击【设置滑动关键点】→单击第 4 帧→在【命令面板】中选择【运动】→单击【参数】→在【复制／粘贴】中选择【姿势】→单击【复制姿势】→将【时间滑块】移到第 20 帧→选择【向对面粘贴姿势】，如图 2-2-119 所示。

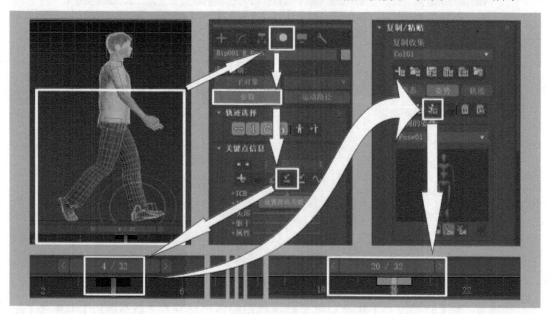

图 2-2-119

步骤 8　将【时间滑块】移动到第 12 帧→摆出腿部姿势→在【命令面板】中单击【运

动】→选择【参数】→在【关键点信息】单击【设置滑动关键点】→单击第 12 帧→在【命令面板】中选择【运动】→单击【参数】→在【复制 / 粘贴】中选择【姿势】→单击【复制姿势】→将【时间滑块】移到第 24 帧→选择【向对面粘贴姿势】，如图 2-2-120 所示。

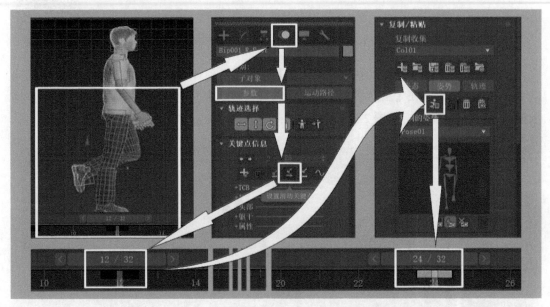

图 2-2-120

步骤 9　根据人物的性别和人物的性格特点来调整走路姿态。

步骤 10　动作库导入。在【文件】中【导入】骨骼已经刷好权重的人物模型→在【场景资源管理器】中选中【Bip001】→在【命令面板】中单击【运动】选择【参数】→在【Biped】中单击【加载文件】找到【BIP 格式】文件→单击【打开】→看见时间轴有关键帧信息即为导入成功，完成案例制作，如图 2-2-121 所示。

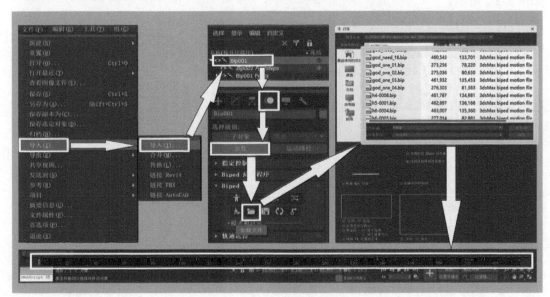

图 2-2-121

2.3 粒子动画案例制作

案例 15 粒子数字倒计时动画制作

步骤1 在【命令面板】中选择【创建】→在【几何体】中单击【平面】→在场景视口中创建 Plane001→在【工具栏】中单击【选择并移动】→在【信息提示区与状态栏】将坐标轴 X、Y、Z 归零，如图 2-3-1 所示。

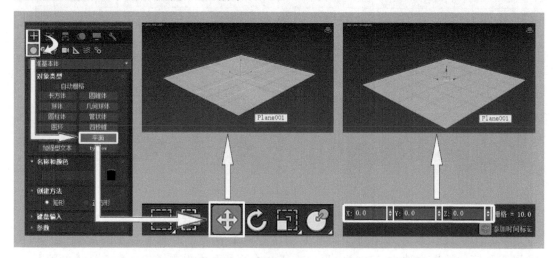

图 2-3-1

步骤2 在【命令面板】中单击【粒子系统】→单击【粒子流源】→单击【粒子视图】，如图 2-3-2 所示。

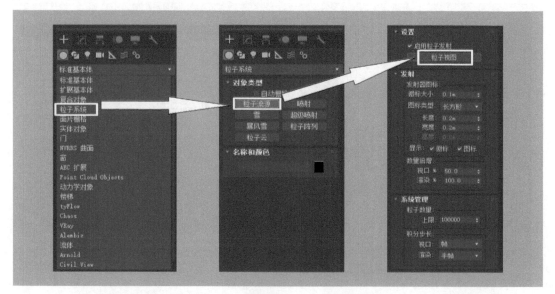

图 2-3-2

步骤 3　打开【粒子视图】，在下方【仓库】中拖入【标准流】到【粒子视图】→单击【粒子流源 001】→设置【视口：100】→单击【事件 001】→设置【数量：2000】，如图 2-3-3 所示。

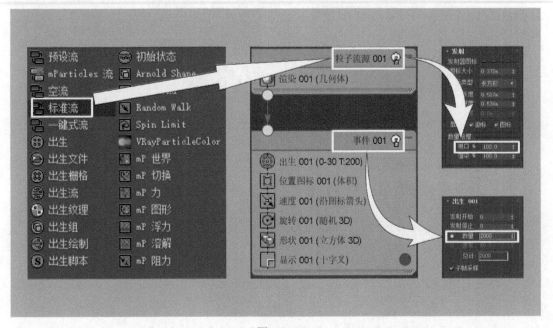

图 2-3-3

步骤 4　在【粒子视图】的【仓库】中选择【位置对象】，添加到事件 001 中替换【位置图标 001】→在【位置对象 001】中将【位置】改为【曲面】，添加【Plane001】→并如图 2-3-4 所示。

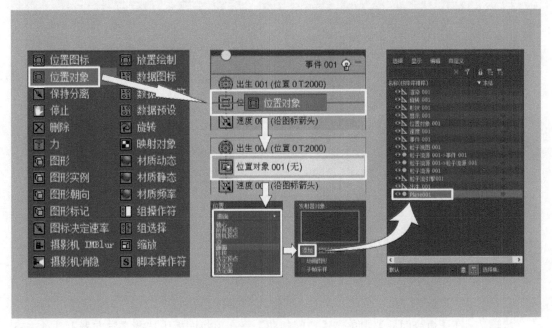

图 2-3-4

步骤 5   单击【速度 001】→设置【速度：0】，如图 2-3-5 所示。

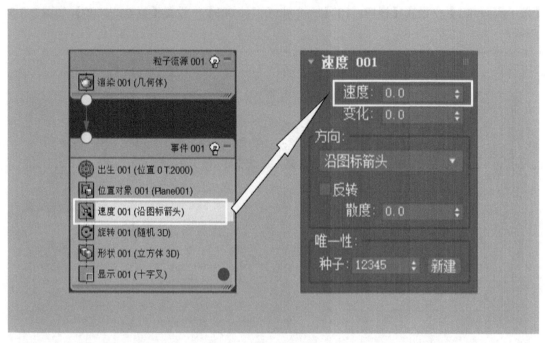

图 2-3-5

步骤 6   在【粒子视图】中找到【碰撞】并拖入到【事件 001】中，创建【碰撞 001】，如图 2-3-6 所示。

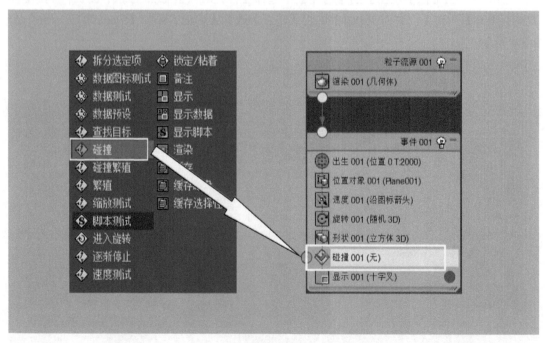

图 2-3-6

步骤 7   在【命令面板】中单击【空间扭曲】→在下拉面板中选择【导向器】并单击→

在【对象类型】中单击【导向球】→在场景视口中创建导向球 SDefector001，如图 2-3-7
所示。

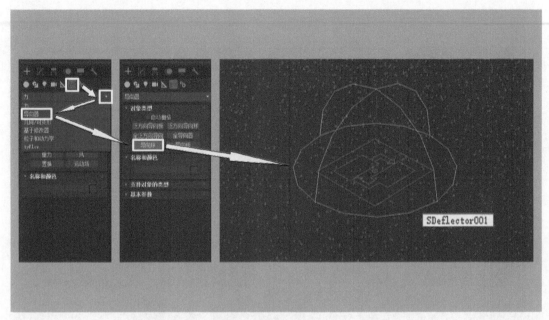

图 2-3-7

步骤 8　打开【粒子视图】→单击【碰撞 001】→在【导向器】中的【添加】→单击场
景视口中的导向球 SDefector001→设置【碰撞 001】中的【碰撞速度：继续】，如图 2-3-8
所示。

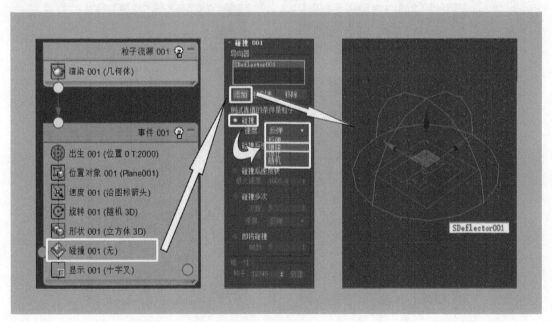

图 2-3-8

步骤 9　在【粒子视图】的【仓库】中选择【Random Walk】，添加到【粒子视图】中→

创建【事件 002】→在【仓库】中选择【年龄测试】，添加到【事件 002】中→选中【粒子年龄】，设置【年龄测试 001】的【测试值：50】、【变化：10】，如图 2-3-9 所示。

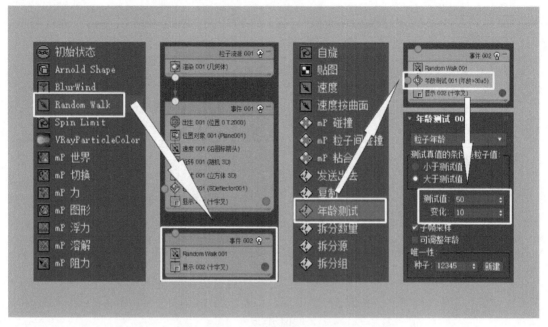

图 2-3-9

步骤 10　在【动画控制区】中单击【时间配置】→设置【结束时间：300】→打开【粒子视图】将【碰撞 001】与【事件 002】链接起来，如图 2-3-10 所示。

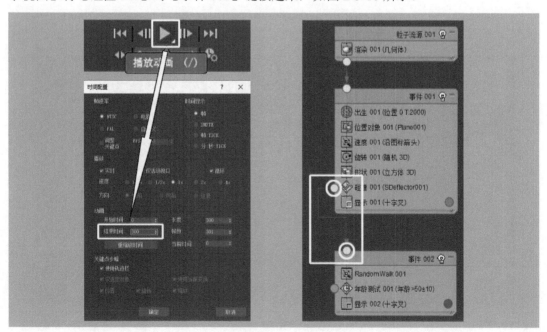

图 2-3-10

步骤 11　在【动画控制区】打开【自动关键点】→移动【时间滑块】到第 0 帧→选

中 SDeflector001→在【命令面板】中选择【修改】，设置【直径：1】，如图 2-3-11 所示。

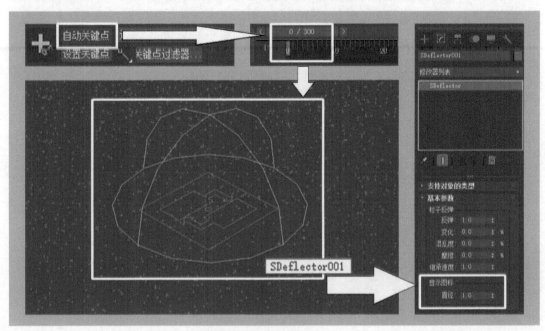

图 2-3-11

步骤 12 移动【时间滑块】到第 50 帧，设置【直径：50】，关闭【自动关键帧】，如图 2-3-12 所示。

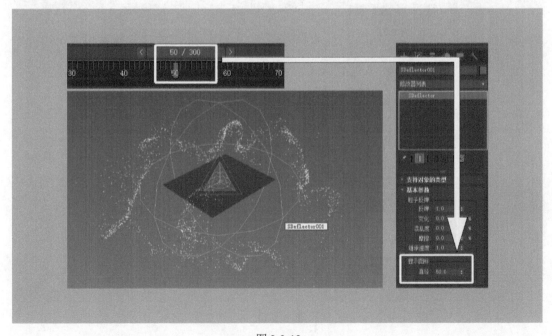

图 2-3-12

步骤 13 在【命令面板】中选择【创建】→在【标准基本体】中单击【加强型文本】→在平面正上方创建加强型文本，如图 2-3-13 所示。

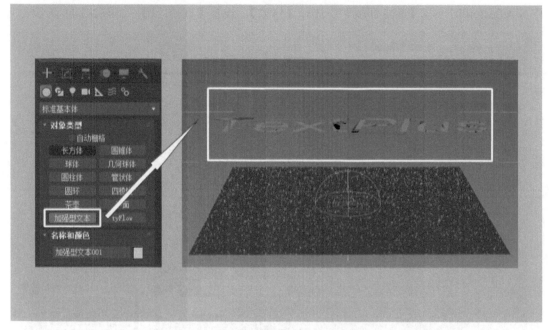

图 2-3-13

步骤 14　在【命令面板】中选择【修改】→将【加强型文本 001】的参数修改为数字 3→使用【选择并旋转】或快捷键 E 将文本 3 沿 X 轴旋转 90°，如图 2-3-14 所示。

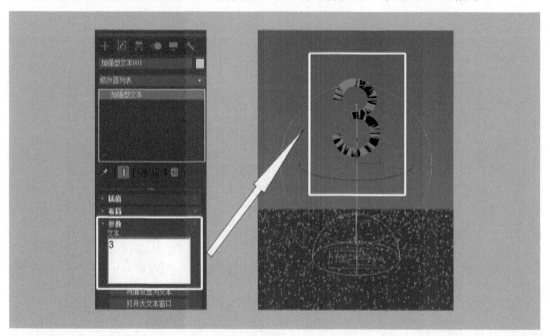

图 2-3-14

步骤 15　在【命令面板】中选择【几何体】→勾选【生成几何体】→设置【挤出：2】→使用快捷键 W，按住 Shift 键移动文本 3，向左边和右边分别复制一个文本 3→在【命令面板】中将文本 3 分别改为 2 和 1，如图 2-3-15 所示。

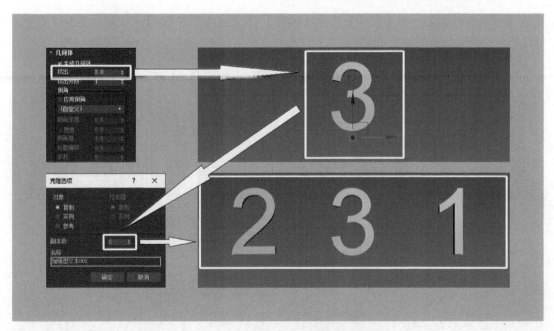

图 2-3-15

步骤 16 在【粒子视图】的【仓库】中选择【查找目标】，添加到【粒子视图】中创建【事件 003】→单击【事件 003】中的【Find Target 001】，将目标换为【网格对象】→单击【添加】→单击【加强型文本 001】，如图 2-3-16 所示。

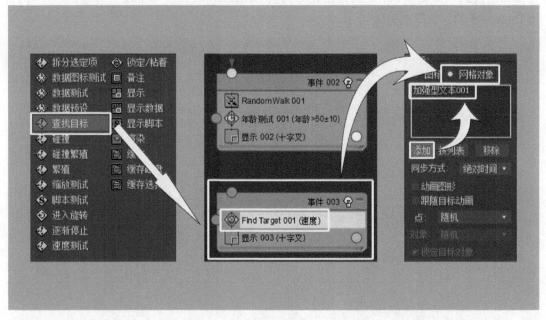

图 2-3-16

步骤 17 将【事件 002】中的【年龄测试】与【事件 003】链接→在【仓库】中选择【锁定 / 粘着】，添加到【粒子视图】中创建【事件 004】→单击【事件 004】中的【锁定 / 粘着001】→在【锁定对象】中单击【添加】→选择【加强型文本 001】→单击【锁定到曲面】→

勾选【限制到曲面】→在【仓库】选择【碰撞】, 添加到【事件 004】中, 如图 2-3-17 所示。

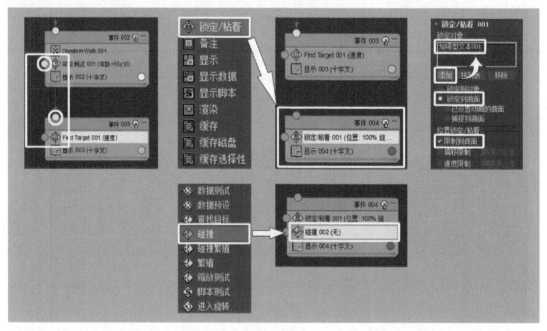

图 2-3-17

步骤 18　在【命令面板】中单击【空间扭曲】→在下拉面板中找到【导向器】→单击【导向板】→在文本 001 正上方创建导向板 Deflector001→文本 002 上方复制一个导向板 Deflector002, 如图 2-3-18 所示。

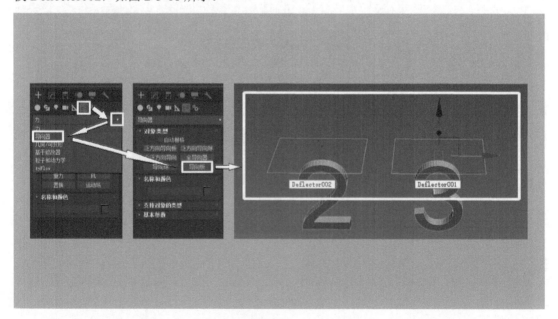

图 2-3-18

步骤 19　在【动画控制区】中打开【自动关键点】→移动【时间滑块】到第 130 帧→在第 130 帧处单击【设置关键点】→将【时间滑块】移动到第 160 帧, 将 Deflector001 移动到文本 001 的正下方→在【动画控制区】中关闭【自动关键点】，如图 2-3-19 所示。

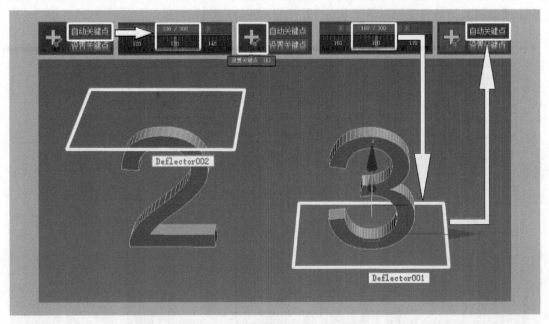

图 2-3-19

步骤 20　在【粒子视图】中单击【事件 004】中的【碰撞 002】→单击【导向器】下方的【添加】→将 Deflector001 添加到导向器中→在【碰撞】的【速度】栏下拉面板中选择【继续】→将【事件 003】的【Find Target 001】链接到【事件 004】，如图 2-3-20 所示。

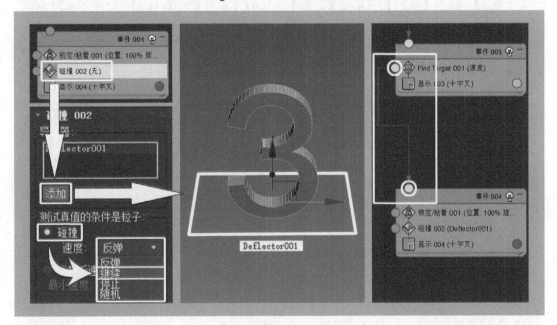

图 2-3-20

步骤 21　选中【事件 002】、【事件 003】、【事件 004】，按住 Shift 键移动复制→单击【事件 005】中的【年龄测试 002】→设置【测试值：30】、【变化：5】→单击【事件

006】中的【Find Target 002】→在【目标】中选中【加强型文本 001】→单击【移除】→单击【添加】→选择【加强型文本 002】，如图 2-3-21 所示。

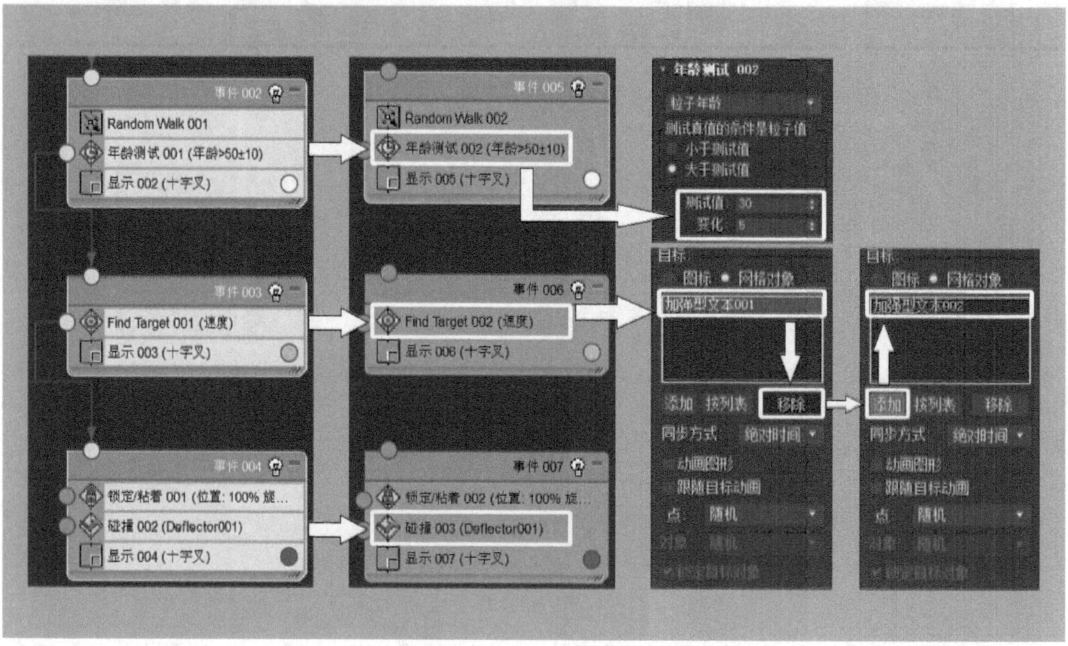

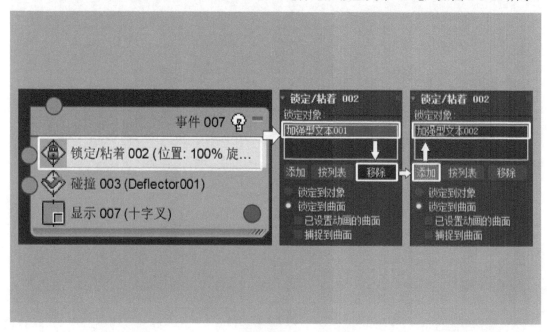

图 2-3-21

步骤 22　单击【事件 007】中的【锁定 / 粘着 002】→选中【锁定对象】中的【加强型文本 001】，单击【移除】→单击【添加】→选择【加强型文本 002】，如图 2-3-22 所示。

图 2-3-22

步骤 23　在【粒子视图】中将【事件 004】中的【碰撞 002】与【事件 005】链接起

来→将【事件 005】中的【年龄测试 002】与【事件 006】链接起来→将【事件 006】中【Find Target 002】与【事件 007】链接起来，如图 2-3-23 所示。

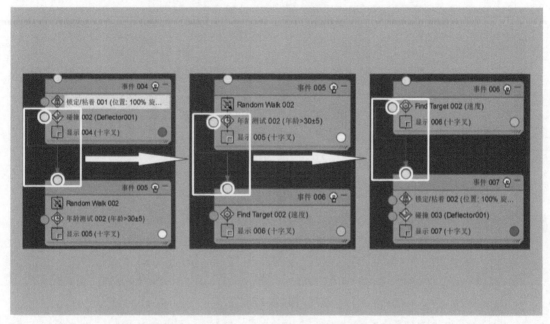

图 2-3-23

步骤 24　在【动画控制区】中打开【自动关键点】→将【时间滑块】移动到第 210 帧→选中 Deflector002→单击【动画控制区】的【设置关键点】→移动【时间滑块】到第 240 帧，将 Deflector002 拖动到文本 002 的正下方→在【动画控制区】中关闭【自动关键点】，如图 2-3-24 所示。

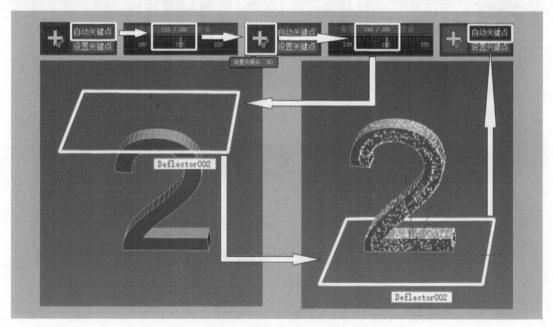

图 2-3-24

步骤 25　打开【粒子视图】单击【事件 007】中的【碰撞 003】→选中【导向器】中的【Deflector001】并单击【移除】→单击【添加】→选择【Deflector002】，如图 2-3-25 所示。

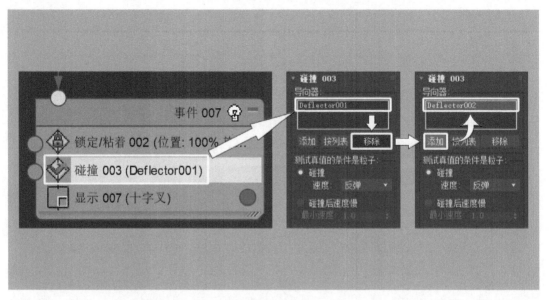

图 2-3-25

步骤 26　将【事件 005】到【事件 007】选中，按住 Shift 键移动复制→将【事件 007】中的【碰撞 003】链接到【事件 008】→将【事件 008】中的【年龄测试 003】链接到【事件 009】→将【事件 009】中的【Find Target003】链接到【事件 010】，如图 2-3-26 所示。

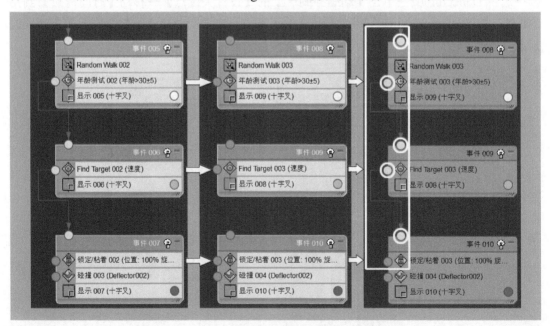

图 2-3-26

步骤 27　单击【事件 009】中的【Find Target003】→在【目标】选中【加强型文本002】→单击【移除】→单击【添加】→选择【加强型文本 003】。单击【事件 010】中的【锁

定 / 粘着 003】→单击【锁定对象】→选中【加强型文本 002】→单击【移除】→单击【添加】→选择【加强型文本 003】，如图 2-3-27 所示。

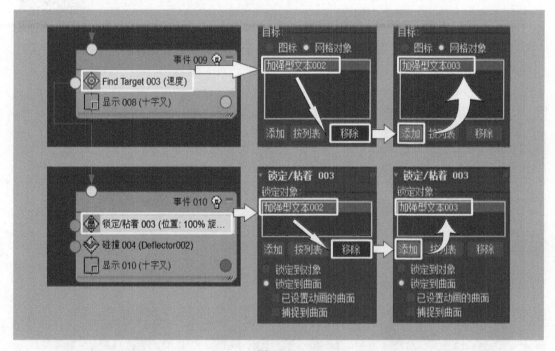

图 2-3-27

步骤 28　选中平面加强型文本 001、加强型文本 002、加强型文本 003→单击鼠标右键选择【隐藏选定对象】，完成案例制作，如图 2-3-28 所示。

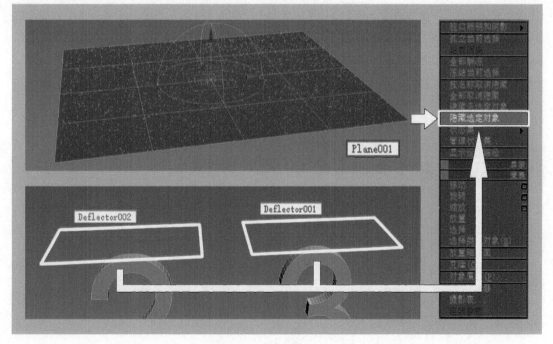

图 2-3-28

案例 16　茶壶落地动画效果制作

步骤 1　在【命令面板】中找到【标准基本体】→在下拉菜单中找到并单击【粒子系统】→在【对象类型】里单击【粒子流源】→在【设置】中找到并单击【粒子视图】，如图 2-3-29 所示。

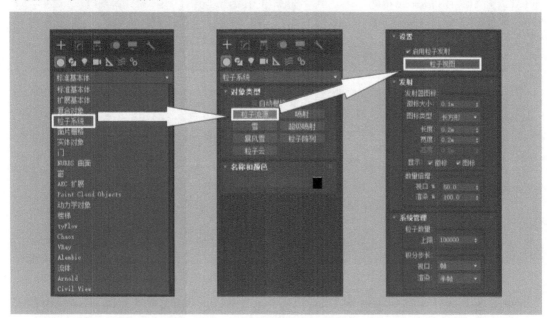

图 2-3-29

步骤 2　在【粒子视图】下方【仓库】中选择【标准流】→添加到【粒子视图】中创建【粒子流源 001】和【事件 001】→单击【事件 001】中的【显示 001】→选择【类型】中的【几何体】，如图 2-3-30 所示。

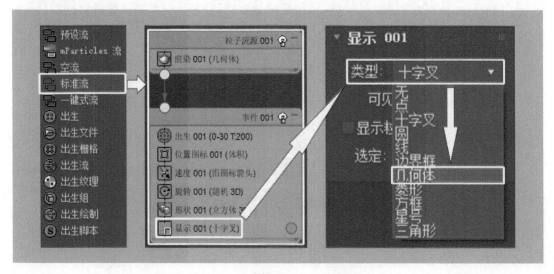

图 2-3-30

步骤 3　在【粒子视图】的【仓库】中选择【出生栅格】，拖进【事件 001】中替换掉【出生 001】，创建【Birth Grid 001】，如图 2-3-31 所示。

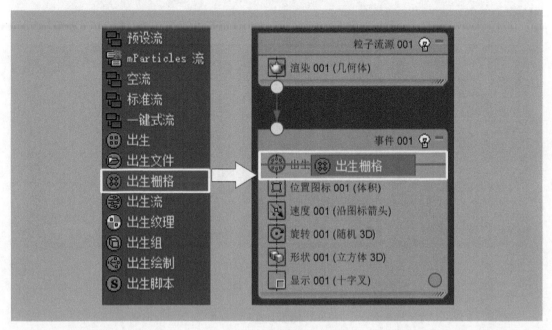

图 2-3-31

步骤 4　右键单击【事件 001】中的【位置图标 001】→在下拉菜单中单击【删除】→右键单击【事件 001】中的【旋转 001】→在下拉菜单中单击【删除】，如图 2-3-32 所示。

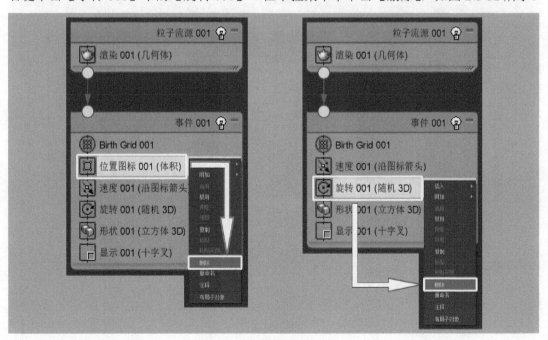

图 2-3-32

步骤 5　单击【事件 001】中【Birth Grid 001】→设置【栅格大小：1.13】→勾选【通

过网格体积限制】，设置【长度：30】、【宽度：30】、【高度：30】，如图 2-3-33 所示。

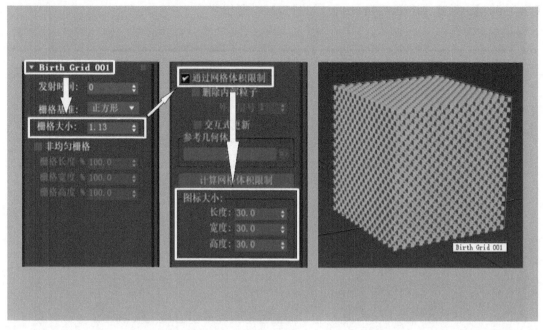

图 2-3-33

步骤 6　在【命令面板】中选择【创建】→单击【茶壶】→在场景视口中创建茶壶 Teapot001，如图 2-3-34 所示。

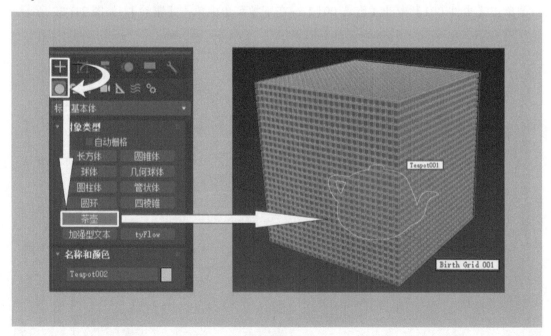

图 2-3-34

步骤 7　在【粒子视图】中单击【事件 001】中的【Birth Grid 001】→单击【参考几何体】下方的【无】→选择茶壶 Teapot001，如图 2-3-35 所示。

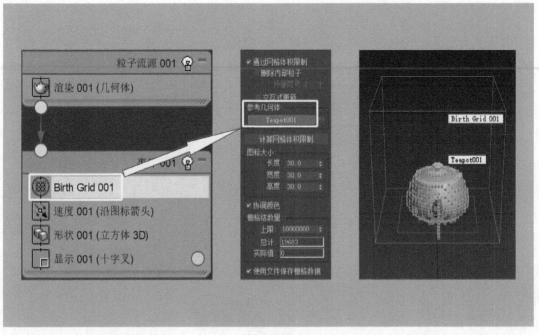

图 2-3-35

步骤 8　在场景视口中选中 Teapot001→单击【命令面板】中的【修改】→在下拉菜单中选择【补洞】，如图 2-3-36 所示。

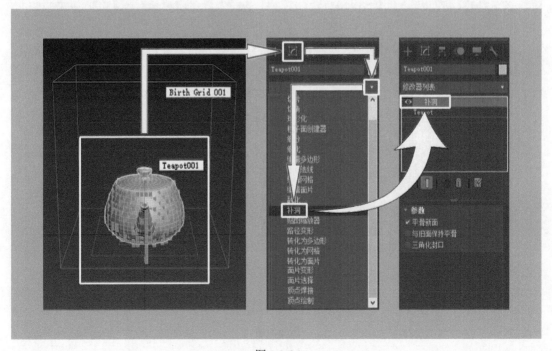

图 2-3-36

步骤 9　单击【事件 001】中的【形状 001】→选择【3D】→在下拉菜单中单击【20面球体】，如图 2-3-37 所示。

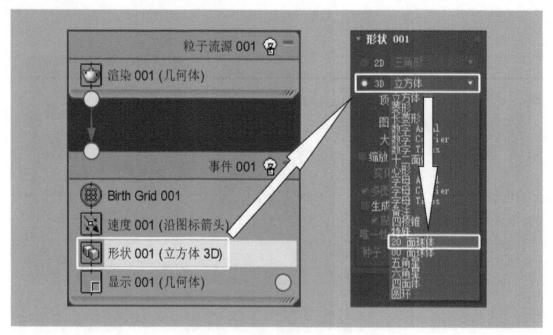

图 2-3-37

步骤 10　在【粒子视图】下方【仓库】中选择【年龄测试】，添加到【事件 001】中，创建【年龄测试 001】，如图 2-3-38 所示。

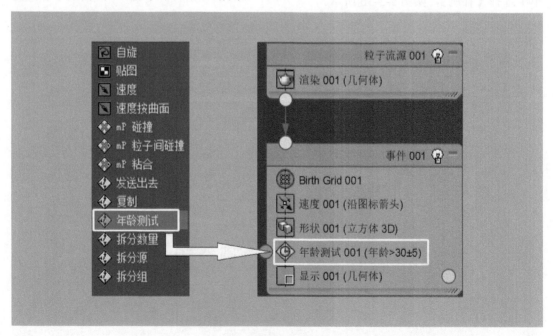

图 2-3-38

步骤 11　在【粒子视图】下方【仓库】选择【mP 世界】→添加到【粒子视图】中，创建【事件 002】和【mP World 001】→在【仓库】中选择【mP 图形】按住左键拖进【事件 002】中，创建【mP 图形 001】，如图 2-3-39 所示。

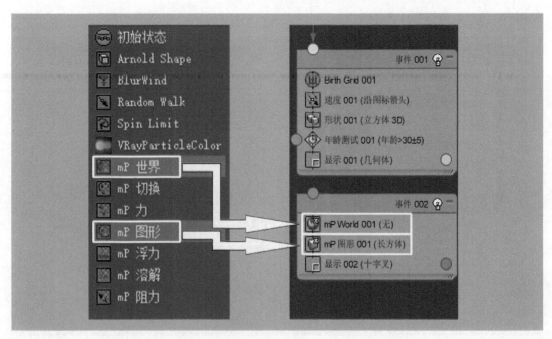

图 2-3-39

步骤 12 单击【事件 002】中的【mP World 001】，在【mP 世界驱动程序】中，单击【创建新的驱动程序】，得到【mP World 003】，→单击【事件 002】中的【显示 002】→在【类型】下拉菜单中选择【几何体】，如图 2-3-40 所示。

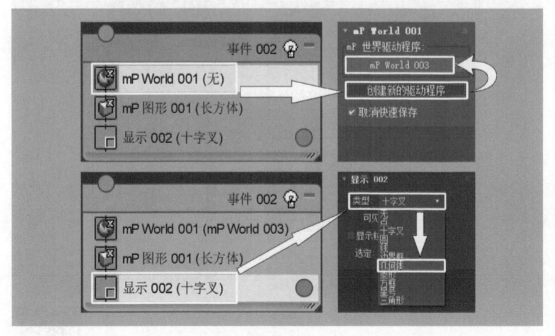

图 2-3-40

步骤 13 右键单击【事件 001】中的【速度 001】→在下拉菜单中单击【删除】→将【事件 001】中的【年龄测试 001】与【事件 002】链接起来→单击【事件 002】中的【mP

World 001】，如图 2-3-41 所示。

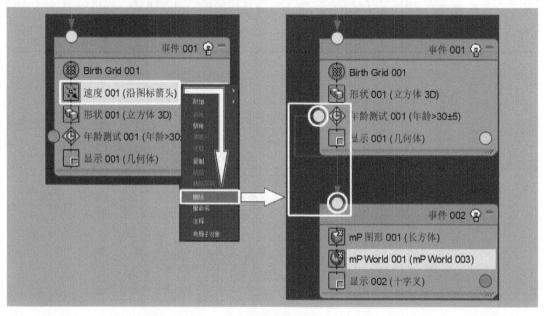

图 2-3-41

步骤 14　在【mP 世界驱动程序】的【mP World 001】中单击【访问驱动程序参数】→
在【参数】中勾选【应用重力】和【地面碰撞平面】，完成案例制作，如图 2-3-42 所示。

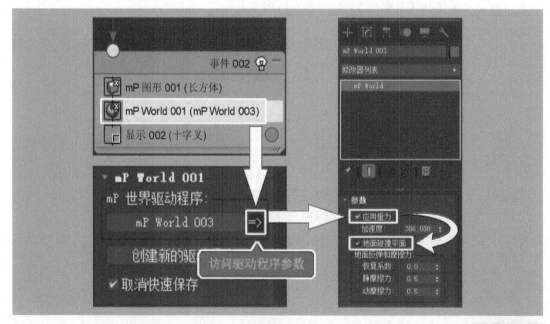

图 2-3-42

案例 17　冷焰火动画效果制作

步骤 1　在【命令面板】中选择【创建】→在【标准基本体】中单击【圆柱体】并在

场景视口中创建圆柱体→在【工具栏】中单击【选择并移动】，并在【信息提示区与状态栏】将 X、Y、Z 轴数值归零，如图 2-3-43 所示。

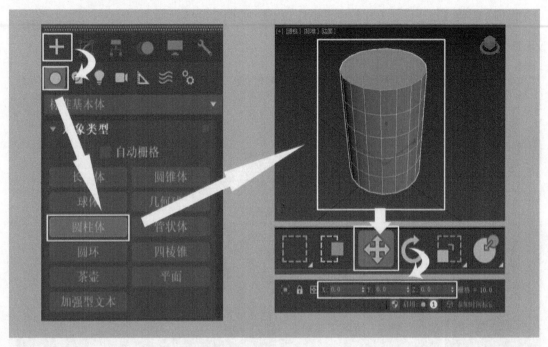

图 2-3-43

步骤 2 在【菜单栏】中选择【图形编辑器】→单击【粒子视图】，如图 2-3-44 所示。

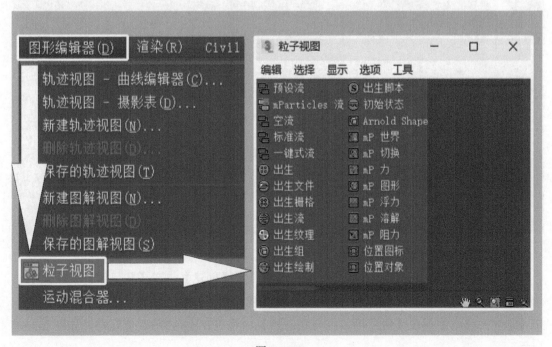

图 2-3-44

步骤 3

建立粒子流源的方法 1：在【粒子视图】中的【仓库】中选择【标准流】→添加到【粒子视图】，创建【粒子流源 001】和【事件 001】，如图 2-3-45 所示。

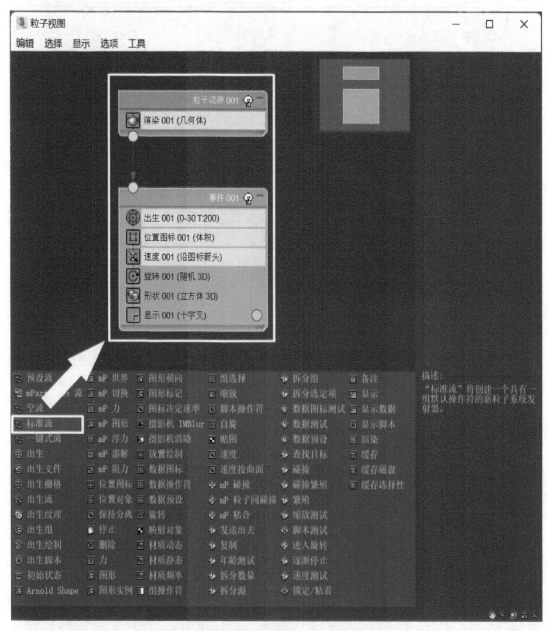

图 2-3-45

建立粒子流源的方法 2：在【命令面板】中选择【创建】→在【几何体】下拉菜单中选择【粒子系统】并单击【粒子流源】→在场景视口中创建粒子流源→在【工具栏】中单击【选择并移动】→在【信息提示区与状态栏】中将 X、Y、Z 轴数值归零，如图 2-3-46 所示。

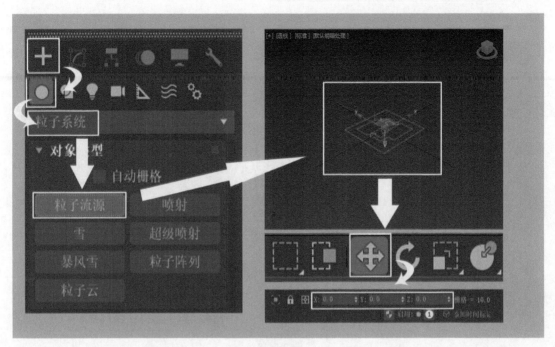

图 2-3-46

步骤 4　在【粒子视图】中的【仓库】选择【位置对象】，添加到【事件 001】中，替换【位置图标 001】，创建【位置对象 001】如图 2-3-47 所示。

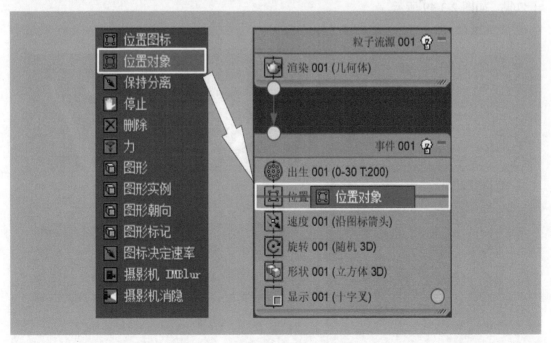

图 2-3-47

步骤 5　单击选中【位置对象 001】→在【发射器对象】栏选择【按列表】→单击选中【Cylinder001】并单击【选择】确定，如图 2-3-48 所示。

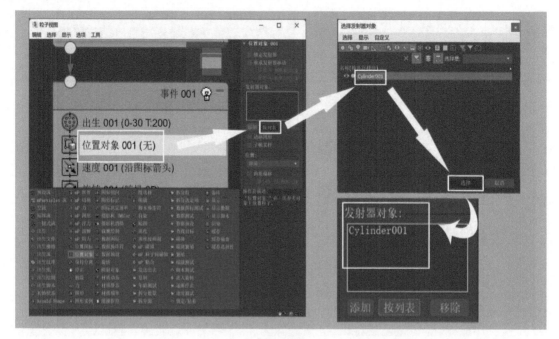

图 2-3-48

步骤 6　修改形状。单击【形状 001】→在【2D】中选择【方形】→调整【大小：3.0】→单击【显示 001】→在【类型】中选择【几何体】，移动【时间滑块】到第 18 帧，检查粒子效果，如图 2-3-49 所示。

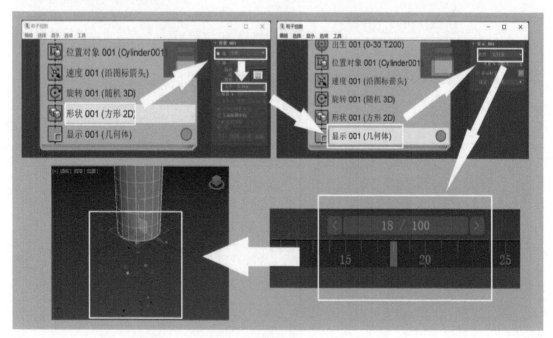

图 2-3-49

步骤 7　修改播放设置。在【动画控制区】中打开【播放动画】→选择【PAL】→设置【结束时间：100】→单击【确定】，如图 2-3-50 所示。

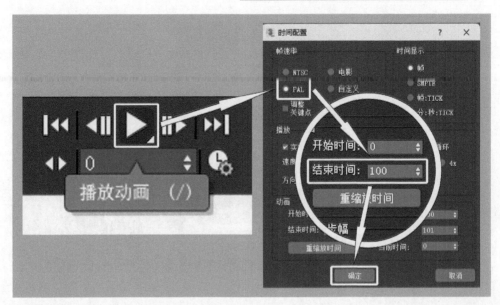

图 2-3-50

步骤 8　修改粒子出生和速度方向。打开【粒子视图】→在【出生 001】设置【发射开始：-50】、【发射停止：100】→单击【速度 001】→勾选方向【反转】并设置【散度：22】，如图 2-3-51 所示。

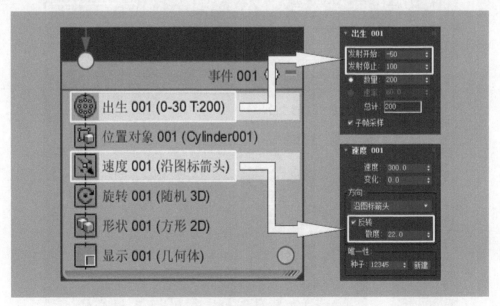

图 2-3-51

步骤 9　添加繁殖和年龄测试。在【仓库】中选择【繁殖】，添加到【粒子视图】中，创建【事件 002】和【繁殖 001】→在【仓库】中选择【年龄测试】添加到【事件 001】创建【年龄测试 001】，链接【事件 002】→单击【年龄测试 001】→设置【测试值：0】、【变化：50】→单击【繁殖 001】→在【繁殖速率和数量】中勾选【按移动距离】并设置【步长大小：50】→在【速度】中勾选并设置【继承：85】、【变化：0】、【散度：0】，如图 2-3-52 所示。

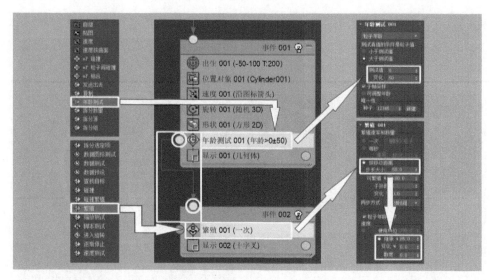

图 2-3-52

步骤 10　添加形状。在【仓库】中选择【图形】→添加到【事件 002】→选择【2D:
方形】并调整【大小：3】，如图 2-3-53 所示。

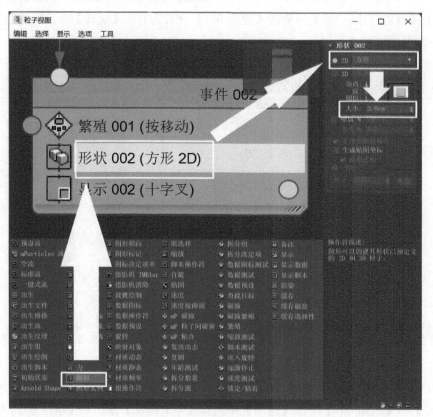

图 2-3-53

步骤 11　调整显示。单击【显示 002】→在【类型】中设置为【几何体】，如图 2-3-54
所示。

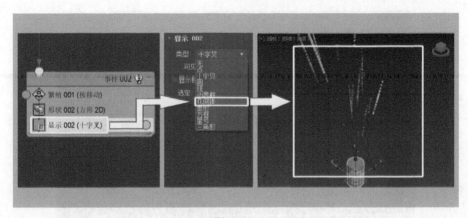

图 2-3-54

步骤 12　添加年龄测试。在【仓库】中选择【年龄测试】→添加到【事件 002】，创建【年龄测试 002】→设置【测试值：15】、【变化：5】，如图 2-3-55 所示。

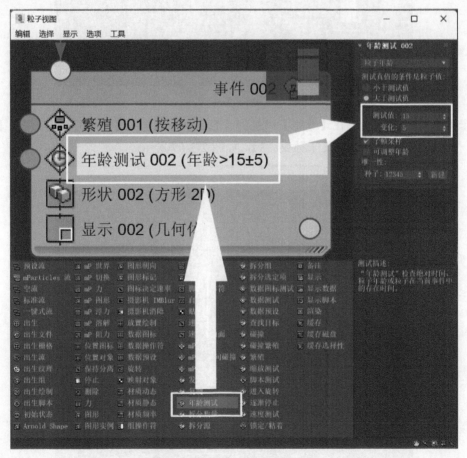

图 2-3-55

步骤 13　添加删除。在【仓库】中选择【删除】→添加到【粒子视图】，创建【事件 003】和【删除 001】→将【事件 002】中的【年龄测试 002】链接到【事件 003】，如图 2-3-56 所示。

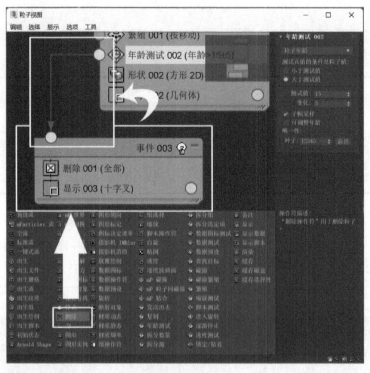

图 2-3-56

步骤 14　添加繁殖。在【仓库】中选择【繁殖】→添加到【粒子视图】，创建【事件 004】和【繁殖 002】→设置【子孙数：3】，如图 2-3-57 所示。

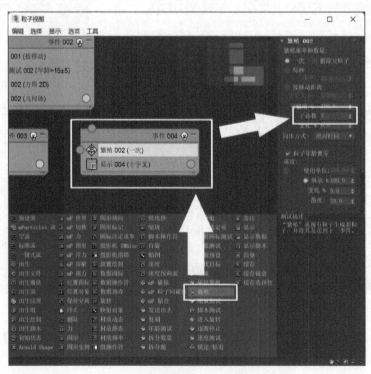

图 2-3-57

步骤 15　添加图形。在【仓库】中选择【图形】添加到【事件 004】，创建【形状 003】→调整【形状 003】设置为【2D：方形】并调整【大小：3】，如图 2-3-58 所示。

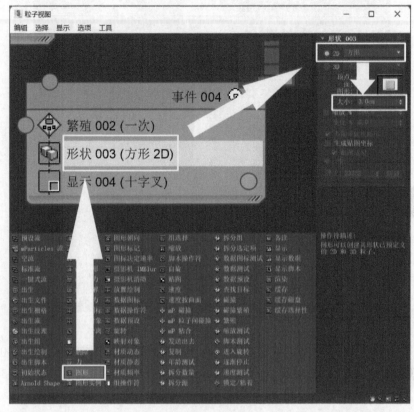

图 2-3-58

步骤 16　调整显示。在【事件 004】中选择【显示 004】→设置【类型：几何体】，如图 2-3-59 所示。

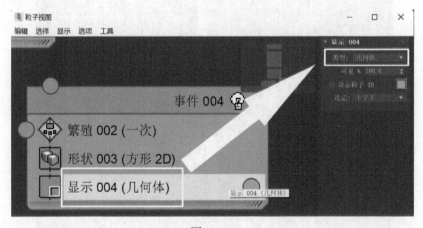

图 2-3-59

步骤 17　添加年龄测试。在【仓库】中选择【年龄测试】，添加到【事件 004】，创建【年龄测试 004】→设置【测试值：5】、【变化：5】→链接【事件 003】，如图 2-3-60 所示。

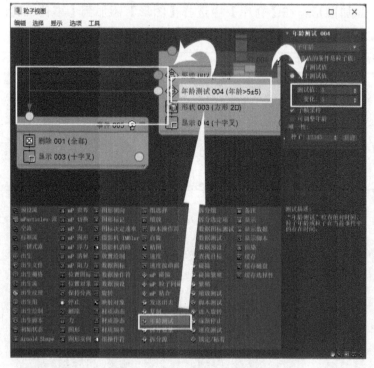

图 2-3-60

步骤 18　添加年龄测试。在【仓库】中选择【年龄测试】，添加到【事件 002】，创建
【年龄测试 003】→设置【测试值：15】、【变化：5】→链接【事件 004】，如图 2-3-61 所示。

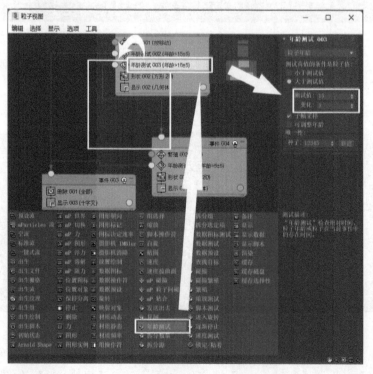

图 2-3-61

步骤 19　修改视口显示。单击【粒子流源 001】→设置【视口：100】,完成案例制作,如图 2-3-62 所示。

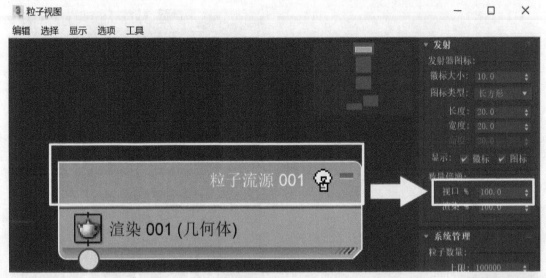

图 2-3-62

案例 18　粒子拖尾动画效果制作

步骤 1　调节单位。在【菜单栏】中选择【自定义】→在【单位设置 ...】中单击【公制】→选择【厘米】→单击【确定】,如图 2-3-63 所示。

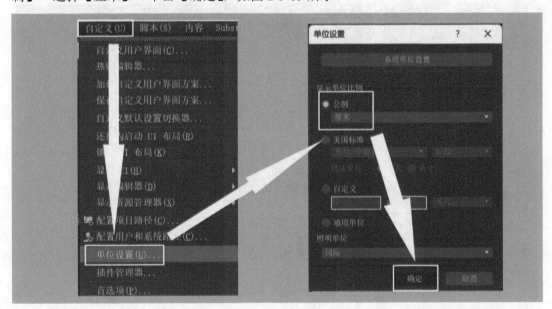

图 2-3-63

步骤 2　修改播放设置。在【动画控制区】中右键单击【播放动画】→打开【时间配置】→在【帧速率】中选择【PAL】,在【动画】中设置【结束时间：100】→单击【确定】,

如图 2-3-64 所示。

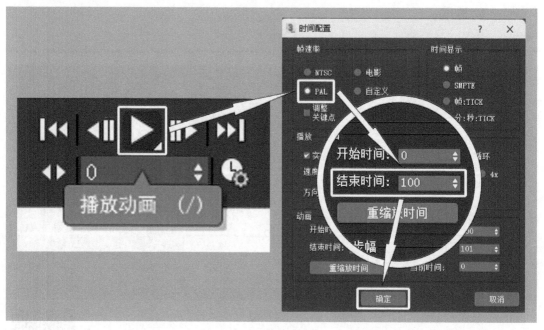

图 2-3-64

步骤 3　创建路径。在【命令面板】中选择【创建】→在【图形】中单击【螺旋线】→在场景视口中创建 Helix001，如图 2-3-65 所示。

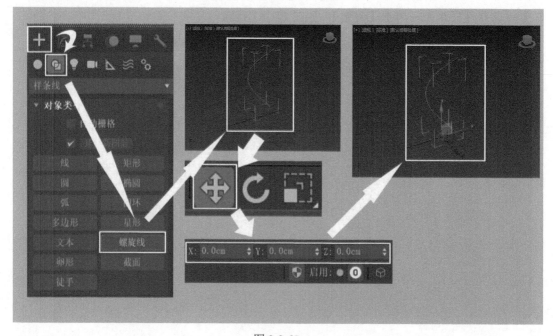

图 2-3-65

步骤 4　修改螺旋线。选中 Helix001→在【命令面板】中单击【修改】→调整【参数】到合适数值→在【工具栏】中单击【选择并旋转】→单击打开【角度捕捉切换】→旋转

Helix001 到合适的角度 (使用 Shift + J 键去掉螺旋线外围线框，方便观察)，如图 2-3-66
所示。

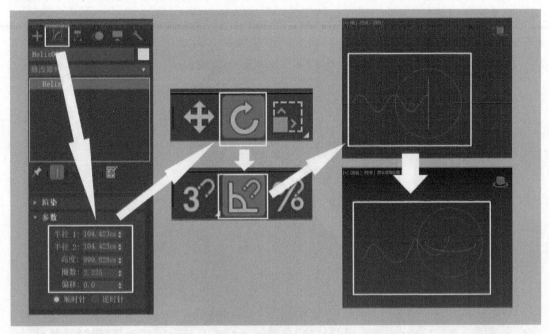

图 2-3-66

　　步骤 5　创建几何体。在【命令面板】中选择【创建】→在【几何体】中单击【长方
体】→在场景视口中创建 Box001，如图 2-3-67 所示。

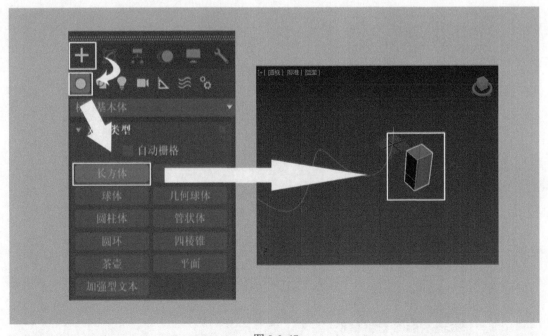

图 2-3-67

　　步骤 6　创建约束动画。选中 Box001→在【菜单栏】中选择【动画】→在列表中选择

【约束】并单击【路径约束】→移动鼠标链接虚线到 Helix001 并单击鼠标左键确定→打开【命令面板】的【运动】→在【路径参数】的【路径选项】下勾选【跟随】和【倾斜】→打开【命令面板】的【修改】→调整【Box001】的长度、宽度和高度，如图 2-3-68、图 2-3-69 所示。

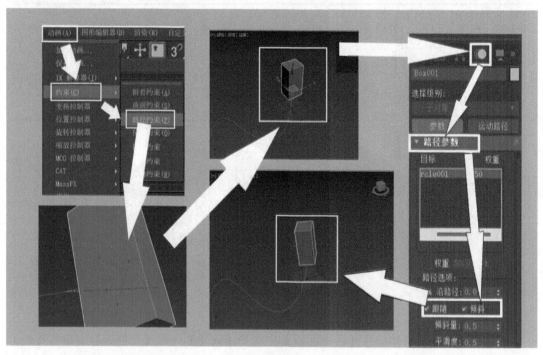

图 2-3-68

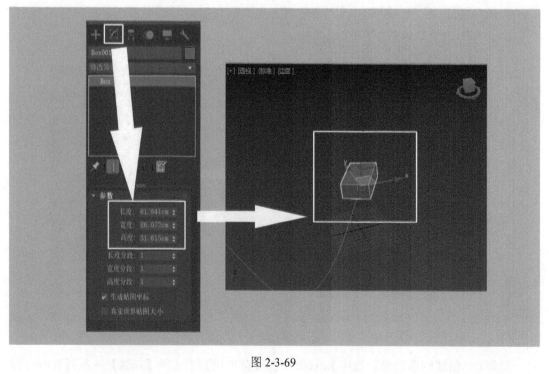

图 2-3-69

步骤 7 创建粒子发射器。在【命令面板】中选择【创建】→在【标准基本体】下拉列表中选择【粒子系统】→单击【粒子流源】→在场景视口中创建粒子流源 001，如图 2-3-70 所示。

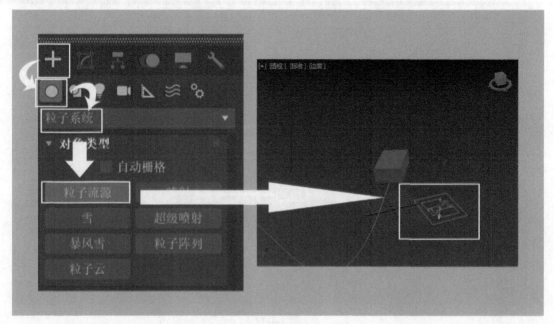

图 2-3-70

步骤 8 更换发射对象。在【菜单栏】中选择【图形编辑器】→单击打开【粒子视图】→在【仓库】中选中【位置对象】→添加到【事件 001】替换【位置图标 001】，创建【位置对象 001】，如图 2-3-71 所示。

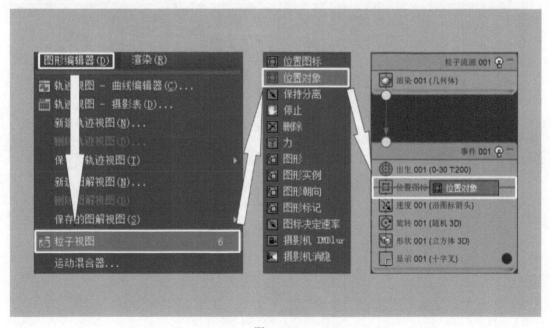

图 2-3-71

步骤9　单击【位置对象 001】→在【发射器对象】栏中单击【按列表】→打开【选择发射器对象】列表→选中【Box001】，如图 2-3-72 所示。

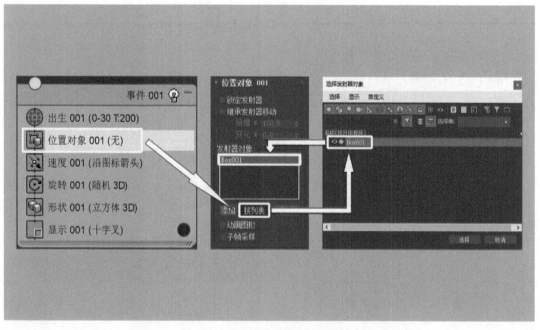

图 2-3-72

步骤10　调整粒子效果。打开【粒子视图】→单击【粒子流源 001】在【数量倍增】中设置【视口：100】→在【事件 001】中单击【出生 001】→设置【发射停止：100】、【数量：2000】→单击【速度 001】，设置【速度：0】，如图 2-3-73 所。

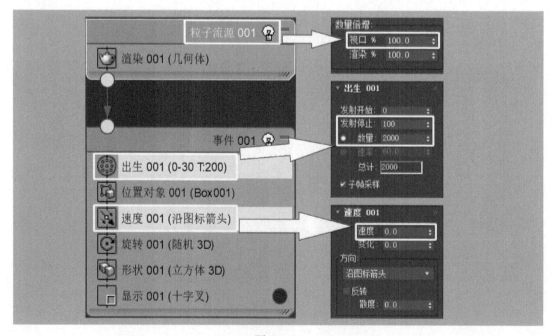

图 2-3-73

步骤 11　创建拖尾对象。在【命令面板】中单击【创建】→在场景视口中自由创建几个几何体，如图 2-3-74 所示。

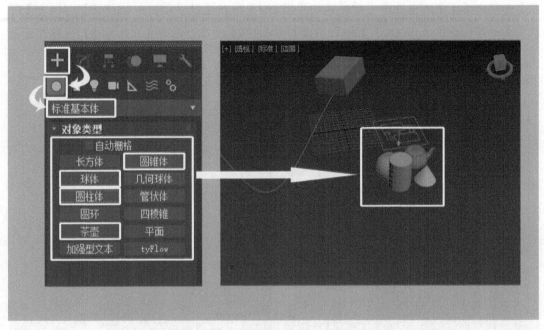

图 2-3-74

步骤 12　几何体成组。选中在场景视口中自由创建的所有几何体→在【菜单栏】中选择【组】→在列表中单击【组】，设置【组名：组 001】→在【资源管理器】中检查【组 001】所含对象，如图 2-3-75 所示。

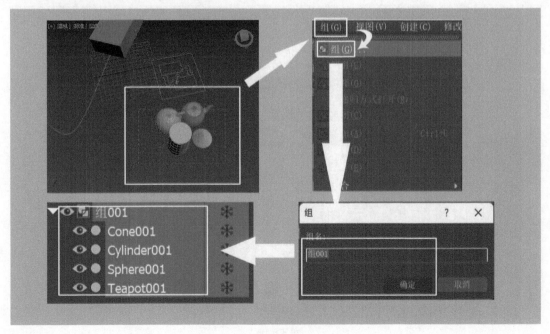

图 2-3-75

步骤 13   制作拖尾效果。打开【粒子视图】→在【仓库】中选择【图形实例】→添加到【事件 001】并替换【形状 001】→创建【图形实例 001】并选中→在【粒子几何体对象】中单击【无】→在视口中单击选中【组 001】→在【以下项的单独粒子】中勾选【组成员】→单击选中【出生 001】→设置【数量：100】→单击选中【显示 001】→设置【类型：几何体】，如图 2-3-76、图 2-3-77 所示。

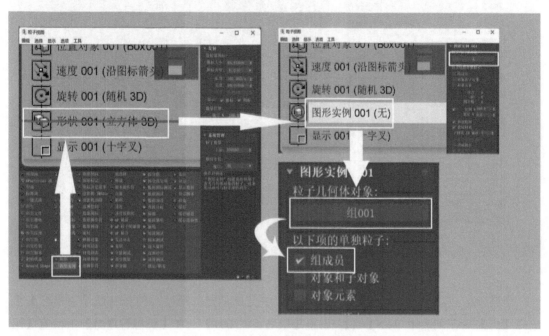

图 2-3-76

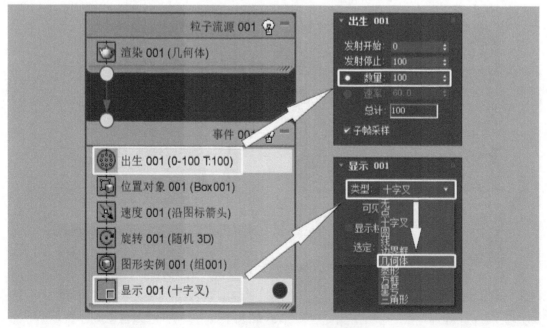

图 2-3-77

步骤 14　第二种粒子拖尾效果制作。选中螺旋线 Helix001→在【工具栏】中单击【选择并移动】→按住 Shift 移动鼠标打开【克隆选项】→单击【复制】→单击【确定】→向 Y 方向复制得到 Helix002，如图 2-3-79 所示。

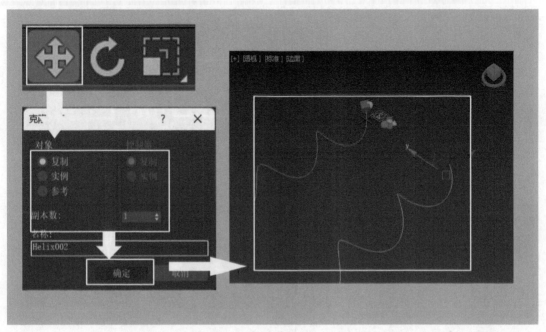

图 2-3-78

步骤 15　创建几何体。在【命令面板】中选择【创建】→在【标准基本体】中单击【长方体】→在场景视口中创建 Box002，如图 2-3-79 所示。

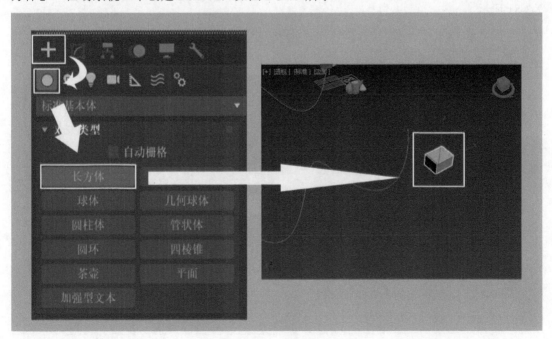

图 2-3-79

　　步骤 16　创建约束动画。选中 Box002→在【菜单栏】中选择【动画】→在列表中单击【约束】选择【路径约束】→链接到螺旋线 Helix002→在【命令面板】中选择【运动】→在【路径参数】中勾选【跟随】和【倾斜】，如图 2-3-80 所示。

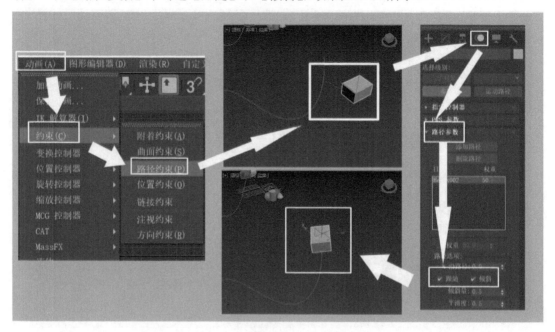

图 2-3-80

　　步骤 17　创建粒子发射器。在【命令面板】中选择【创建】→在【标准基本体】下拉列表中选择【粒子系统】→单击【粒子流源】→在场景视口中创建粒子流源 002，如图 2-3-81 所示。

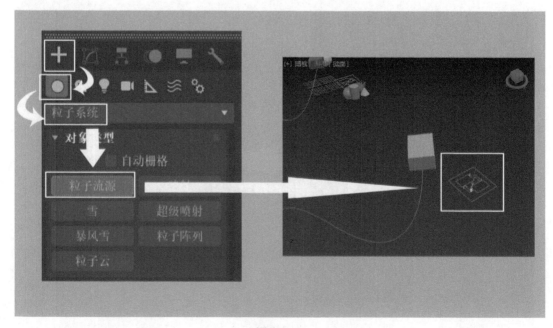

图 2-3-81

步骤 18　更换发射对象。重复步骤 8，打开【粒子视图】→在【仓库】中选择【位置对象】→添加到【事件 002】并替换【位置图标 001】→创建【位置对象 002】，如图 2-3-82所示。

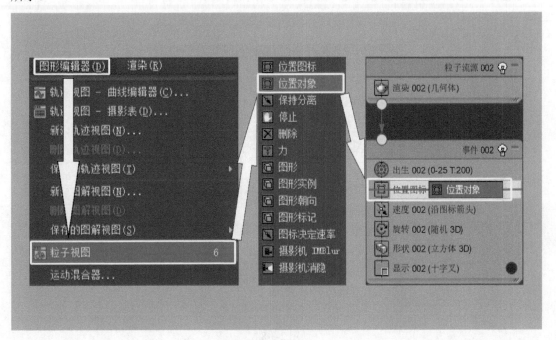

图 2-3-82

步骤 19　重复步骤 9，单击【位置对象 002】→在【发射器对象】列表中单击【添加】→单击选中【Box002】，如图 2-3-83 所示。

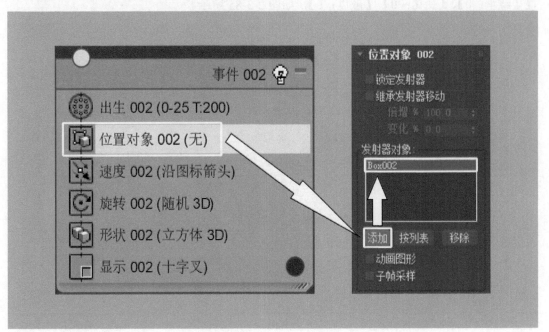

图 2-3-83

步骤 20　调整粒子效果。打开【粒子视图】→在【事件 002】中单击【出生 002】→设置【发射停止：0】、【数量 2000】→单击【位置对象 002】→勾选【锁定发射器】→单击【速度 002】→设置【速度：0】，如图 2-3-84 所示。

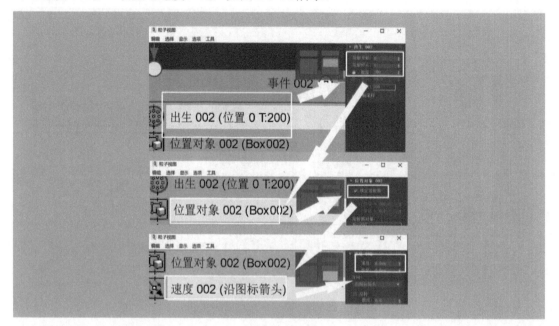

图 2-3-84

步骤 21　在【仓库】中选择【繁殖】→添加到【事件 002】创建【繁殖 001】并选中→在【繁殖速率和数量】中选择【按移动距离】→设置【步长大小：10】→在【速度】中设置【继承：0】、【变化：0】、【散度：0】，如图 2-3-85 所示。

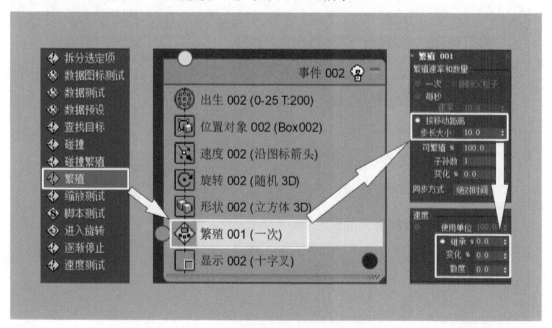

图 2-3-85

步骤 22 添加粒子死亡效果。在【仓库】中选择【删除】→添加到【粒子视图】创建【事件 003】和【删除 001】→选中【事件 002】中的【繁殖 001】→链接到【事件 003】→单击【删除 001】→在【移除】中选择【按粒子年龄】→设置【寿命：20】、【变化：5】，如图 2-3-86 所示。

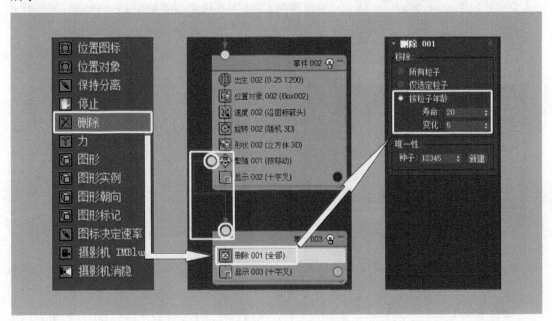

图 2-3-86

步骤 23 制作拖尾效果。选中【事件 002】中的【出生 002】→设置【数量：30】→单击【繁殖 001】→在【速度】中设置【继承：20】、【变化：10】、【散度：60】，如图 2-3-87 所示。

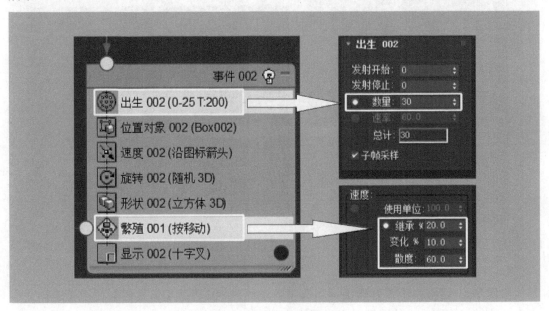

图 2-3-87

步骤 24　第三种粒子拖尾效果制作。重复步骤 14，单击选中螺旋线 Helix002→向 Y 方向复制得到螺旋线 Helix003，如图 2-3-88 所示。

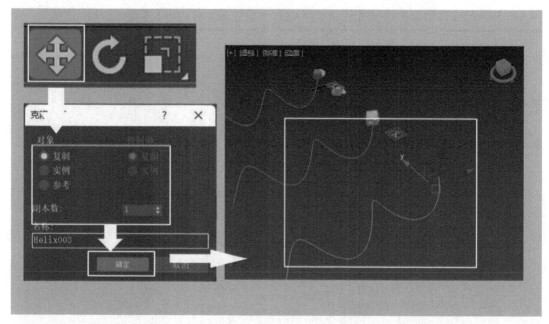

图 2-3-88

步骤 25　创建粒子发射器。重复步骤 17，在场景视口中创建粒子流源 003，如图 2-3-89 所示。

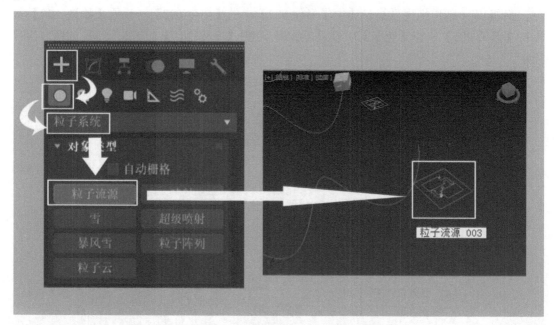

图 2-3-89

步骤 26　调整粒子发射器图标。选中粒子流源 003→在【工具栏】使用【选择并移动】→将粒子流源 003 的图标对齐到螺旋线 Helix003，使其箭头指向螺旋线延伸方向，如

图 2-3-90 所示。

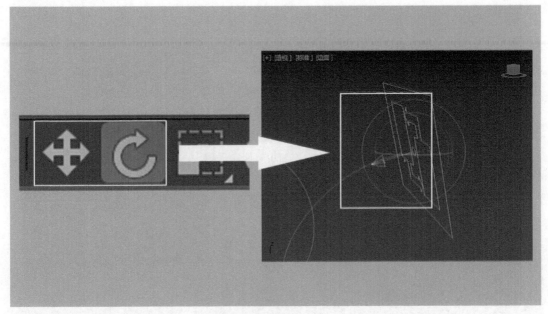

图 2-3-90

步骤 27　调整粒子显示。在【图形编辑器】中打开【粒子视图】→选中【事件 004】的【显示 004】→设置【类型：几何体】，如图 2-3-91 所示。

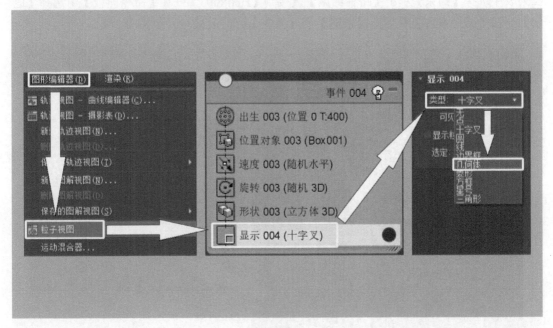

图 2-3-91

步骤 28　粒子跟随路径运动。在【仓库】中选择【图标决定速率】→添加到【事件 004】并替换【速度 003】→创建【Speed By Icon 001】→在场景视口中找到并选中 Speed By Icon 001 图标→使用【选择并移动】工具将图标移动到【粒子流源 003】图标附近，如

图 2-3-92 所示。

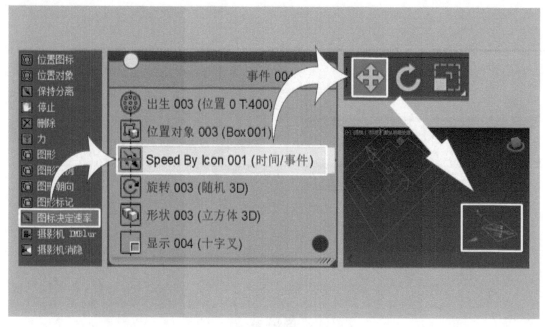

图 2-3-92

步骤 29　创建约束。选中【Speed By Icon 001】图标→在【菜单栏】中单击【动画】→在列表中选择【约束】单击【路径约束】链接到【Helix003】→在【命令面板】中选择【运动】→在【路径参数】中勾选【跟随】和【倾斜】，如图 2-3-93 所示。

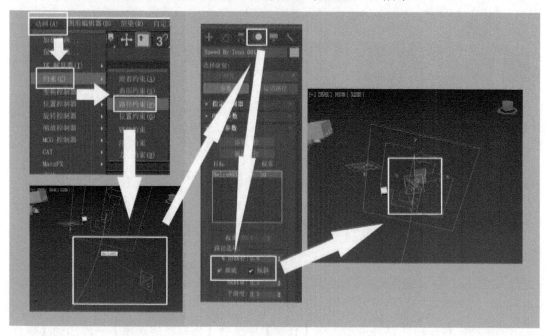

图 2-3-93

3 种粒子拖尾动画案例制作完成，效果如图 2-3-94 所示。

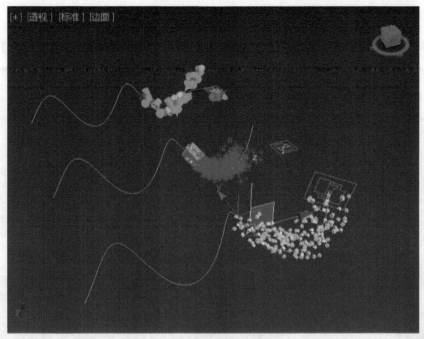

图 2-3-94

案例 19　树叶飘动粒子动画效果制作

步骤 1　创建树。在【命令面板】中选择【创建】→在【标准基本体】下拉菜单中选择【AEC 扩展】→在【对象类型】中选择【植物】→在【收藏的植物】中选择【苏格兰松树】→在场景视口中创建 Foliage001→使用【选择并移动】工具将 Foliage001 的世界坐标 X、Y、Z 归零，如图 2-3-95 所示。

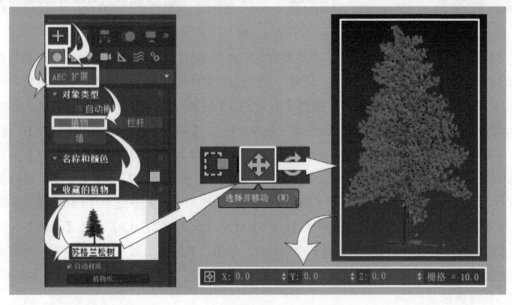

图 2-3-95

　　步骤 2　编辑树。选中 Foliage001，单击右键选择【克隆】→选择【对象：复制】→在世界坐标原点得到 Foliage002→选中 Foliage001→在【命令面板】中选择【修改】→在【显示】中勾选【树叶】→单击右键选择【转换为：转换为可编辑网格】→选中 Foliage002→在【显示】中勾选【树干】、【树枝】，如图 2-3-96 所示。

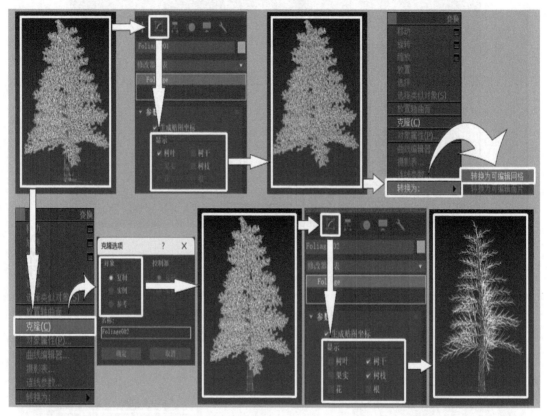

图 2-3-96

　　步骤 3　制作树叶摇曳动画。在场景视口中选中 Foliage001→在【命令面板】中选择【修改】→在【选择】中单击【多边形】→在场景视口中框选 Foliage001 上部分树叶→在【编辑几何体】中单击【分离】得到【对象 001】→再次框选 Foliage001 中间部分树叶，【分离】得到【对象 002】。选中【对象 001】，在【命令面板】中选择【修改】→打开【修改器列表】选择【噪波】→在【强度】中设置【X：5】、【Y：5】、【Z：5】→在【动画】中勾选【动画噪波】→选中【对象 002】→选择【噪波】→在【强度】中设置【X：2】、【Y：2】、【Z：2】→在【动画】中勾选【动画噪波】→选中【Foliage001】→选择【噪波】→在【强度】中设置【X：0.5】、【Y：0.5】、【Z：0.5】→在【动画】中勾选【动画噪波】→单击【播放动画】检查树叶上中下层的摇曳动画→遵循离树根越远摇曳动作越大的规律，可使用【噪波】修改器参数对场景视口动画效果微调，如图 2-3-97、图 2-3-98 所示。

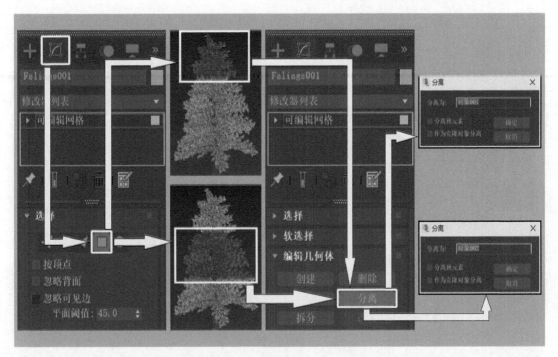

图 2-3-97

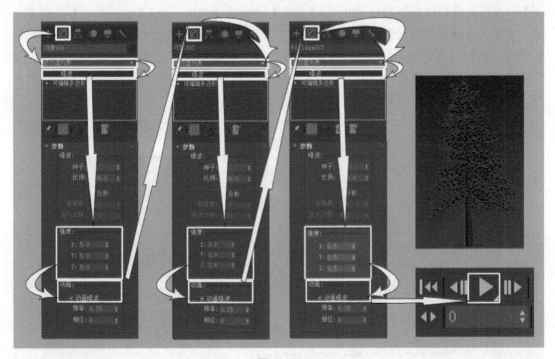

图 2-3-98

步骤 4　修改播放设置。在【动画控制区】中右键单击【播放动画】→打开【时间配置】→在【帧速率】中选择【PAL】→在【动画】中设置【结束时间：100】→单击【确定】，如图 2-3-99 所示。

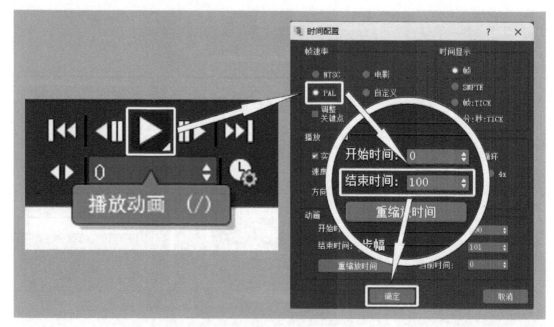

图 2-3-99

步骤 5　创建树叶。在【命令面板】中选择【创建】→在【标准基本体】中单击【平面】→在场景视口中创建 Plane001，在【参数】中设置【长度：40】、【宽度：70】→在【工具栏】单击【选择并旋转】并打开【角度捕捉切换】→按住 Shift 键将 Plane001 绕 X 轴旋转 90°，复制得到 Plane002→选中 Plane001，单击鼠标右键选择【转化为：转化为可编辑多边形】→在【编辑几何体】中单击打开【附加】→在场景视口中单击选中 Plane002→单击鼠标右键关闭【附加】，如图 2-3-100、图 2-3-101 所示。

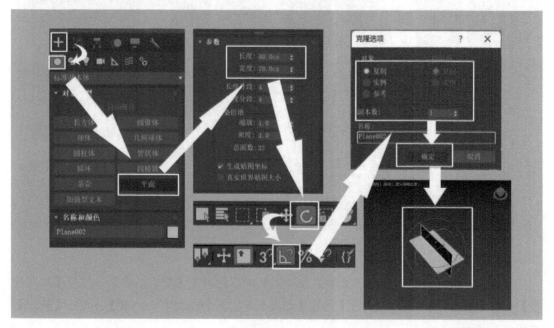

图 2-3-100

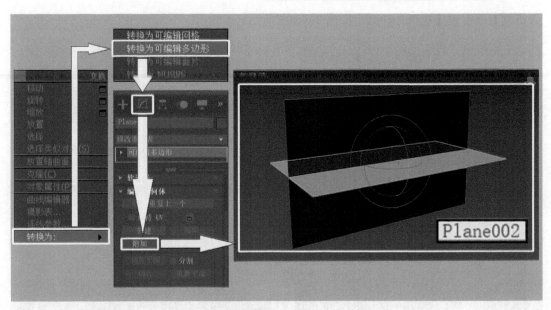

图 2-3-101

步骤6 创建粒子发射器。在【命令面板】中选择【创建】→在【标准基本体】下拉列表中选择【粒子系统】→单击【粒子流源】→在场景视口中创建粒子流源 001→在【菜单栏】中选择【图形编辑器】→在列表中单击打开【粒子视图】，如图 2-3-102 所示。

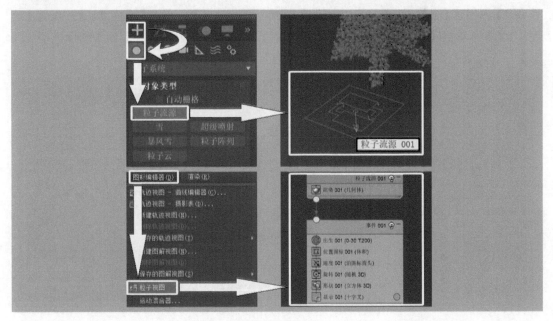

图 2-3-102

步骤7 修改粒子。在【仓库】中选择【图形实例】→添加到【事件 001】并替换【形状 001】→创建【图形实例 001】并选中→在【粒子几何体对象】中单击【无】→在场景视口中选中 Plane001→单击【出生 001】→设置【发射开始：-100】、【发射停止：100】、【数量：50】→单击【显示 001】→设置【类型：几何体】→单击【粒子流源 001】→在【数量倍增】中设置【视口：100】，如图 2-3-103 所示。

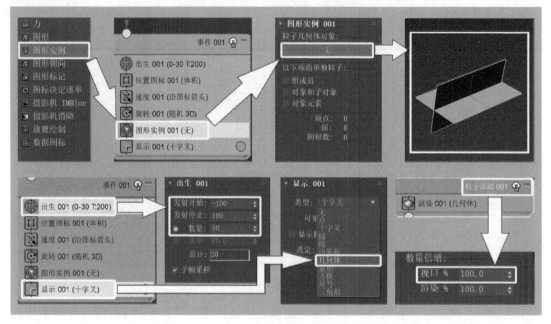

图 2-3-103

步骤 8　修改粒子运动。打开【粒子视图】→在【仓库】中选择【自旋】→添加到【事件 001】→创建【自旋 001】并选中→设置【自旋速率：150】→单击【速度 001】→设置【速度：100】→单击【粒子流源 001】→在【发射】中设置【发射器图标】为【图标类型：圆形】→在场景视口中选中粒子流源 001 图标拖入树中，如图 2-3-104 所示。

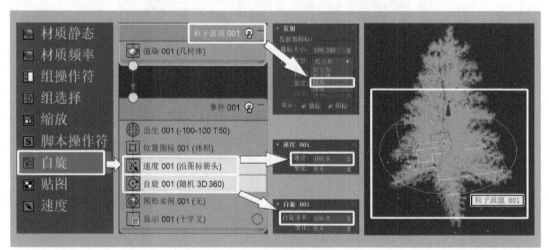

图 2-3-104

步骤 9　创建风力。打开【粒子视图】→在【仓库】中选择【力】→添加到【事件 001】→创建【力 001】→在【命令面板】中选择【创建】→在【空间扭曲】中选择【风】并在场景视口中创建 Wind001→使用【选择并旋转】，调整 Wind001 使箭头指向树模型→在【粒子视图】的【事件 001】中选中【力 001】→在【力空间扭曲】中添加【Wind001】，如图 2-3-105 所示。

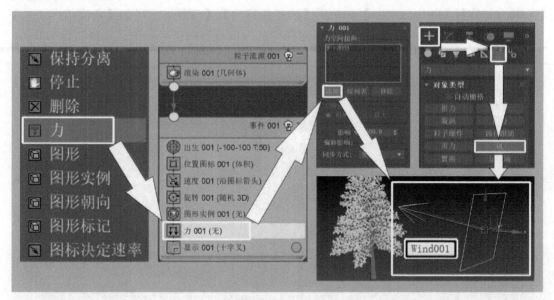

图 2-3-105

步骤 10　修改力。在场景视口选中 Wind001→在【命令面板】中选择【修改】→在【参数】中设置【力】的【强度：0.1】，设置【风力】的【湍流：0.12】→单击【播放动画】检查 Wind001 吹动粒子的动画效果，可根据效果继续调整【参数】，完成案例制作，如图 2-3-106 所示。

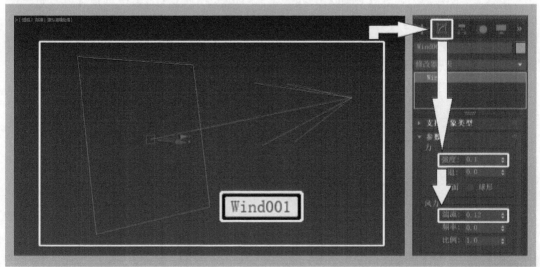

图 2-3-106

案例 20　粒子轨迹生成随机线的动画效果制作

步骤 1　创建导向板空间。在【命令面板】中选择【创建】→在【空间扭曲】中选择【导向器】→单击【导向板】→在场景视口中创建 Deflector001→在【命令面板】中选择【修

改】→【参数】设置【宽度：50】、【长度：100】→复制【Deflector001】得到【Deflector002】、【Deflector003】、【Deflector004】→使用【选择并移动】、【选择并旋转】、【角度捕捉切换】将 4 块导向板围成后、左、右、上的半封闭空间→调整导向板的长度、宽度如图 2-3-107 所示。

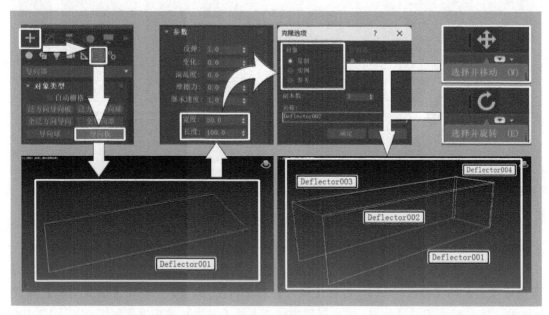

图 2-3-107

步骤 2 创建风力。在【创建】中选择【空间扭曲】→在【力】中选择【风力】→在场景视口中创建 Wind001→在【参数】中设置【力】的【强度：0.2】→调整 Wind001 的空间位置，使箭头向左指向导向板→复制【Wind001】得到【Wind002】→调整 Wind002 的空间位置，使箭头向上指向导向板，如图 2-3-108 所示。

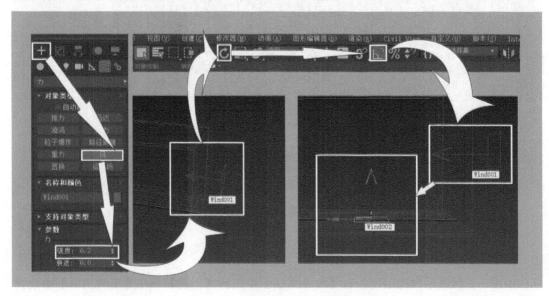

图 2-3-108

步骤 3 创建置换。在【命令面板】中选择【创建】→在【空间扭曲】中选择【力】→单击【置换】→在场景视口中创建置换 001→在【参数】的【贴图】中勾选【柱形】→设置【长度：5】、【宽度：5】、【高度：30】→调整置换 001 在空间中的位置，放入由导向板构成的半封闭空间，如图 2-3-109 所示。

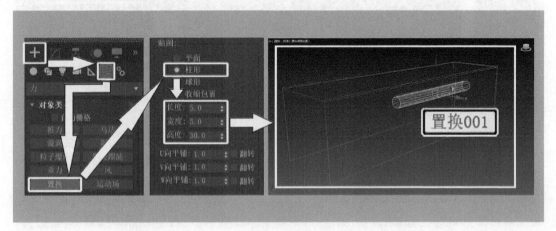

图 2-3-109

步骤 4 创建粒子流源。在【命令面板】中选择【创建】→在【几何体】下拉列表中选择【粒子系统】→单击【粒子流源】→在场景视口中创建粒子流源 001→在【发射】中设置【视口：100】→调整粒子流源 001 的长度、宽度后移动到如图 2-3-110 所示的空间位置。

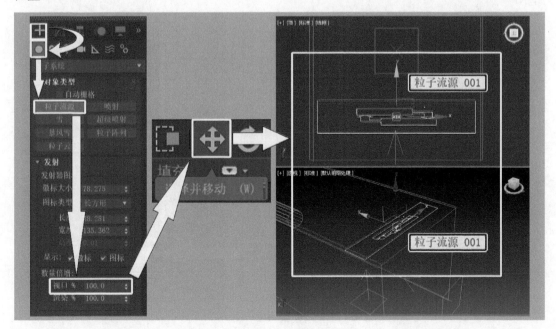

图 2-3-110

步骤 5 修改粒子颜色。打开【粒子视图】→单击【出生 001】并设置【发射停止：100】→单击【显示 001】→更改颜色，将粒子的颜色改为红色，如图 2-3-111 所示。

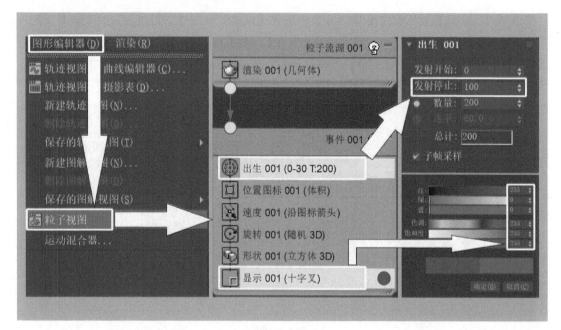

图 2-3-111

步骤6　添加风力。在【粒子视图】的【仓库】中选择【力】→添加到【事件001】,创建【力001】并选中→在【力空间扭曲】中单击【添加】→在场景视口中单击 Wind001。重复该操作,在【事件001】中创建【力002】,并添加【Wind002】,如图 2-3-112 所示。

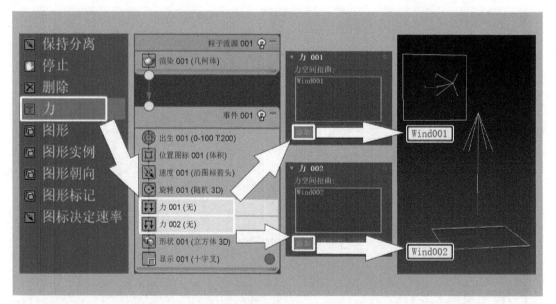

图 2-3-112

步骤7　添加碰撞。在【粒子视图】的【仓库】中选择【碰撞】→添加到【事件001】→创建【碰撞001】并选中→在【碰撞001】中单击【添加】→在场景视口中单击拾取导向板 Deflector001、Deflector002、Deflector003→在【测试真值的条件是粒子】中勾选

【碰撞多次】，设置【次数：5】。再次在【事件 001】中添加【碰撞】→创建【碰撞 002】并选中→在【碰撞 002】中单击【添加】→在场景视口中单击拾取导向板 Deflector004。在场景视口中选择置换 001→在【命令面板】中选择【修改】→在【参数】中将【置换】设置为【强度：5】，如图 2-3-113 所示。

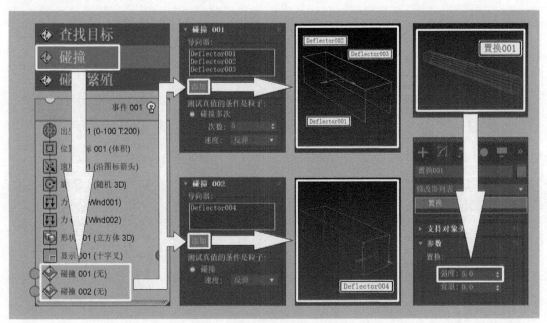

图 2-3-113

　　步骤 8　建立粒子死亡。在【粒子视图】的【仓库】中选择【删除】→添加到【粒子视图】创建【事件 002】→用【事件 001】的【碰撞 002】链接【事件 002】，如图 2-3-114 所示。

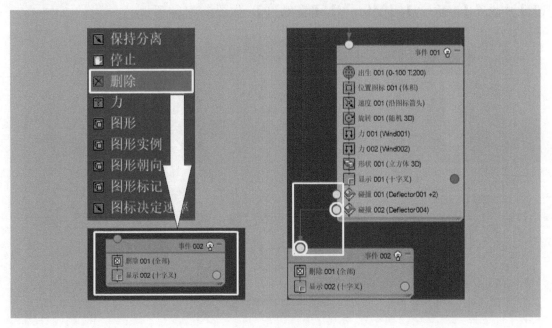

图 2-3-114

步骤 9　调整风力数值。选择【Wind001】→在【命令面板】中选择【修改】→在【参数】的【力】中设置【强度：1】，在【风力】中设置【湍流：2】、【比例：0.02】。选中【Wind002】→在【命令面板】中选择【修改】→在【参数】的【力】中设置【强度：2】，在【风力】中设置【湍流：2】、【比例：0.05】，如图 2-3-115 所示。

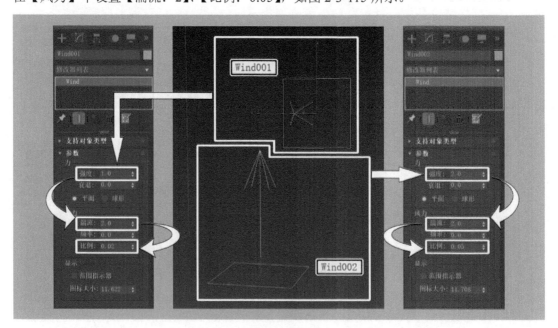

图 2-3-115

步骤 10　添加繁殖。打开【粒子视图】→在【仓库】中选择【繁殖】→添加到【事件 001】，创建【繁殖 001】并选中→在【繁殖速率和数量】中勾选【按移动距离】→在【速度】中设置【继承：0】、【变化：0】、【散度：0】，如图 2-3-116 所示。

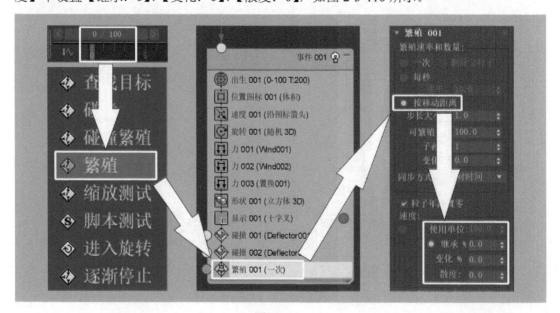

图 2-3-116

步骤 11　调整数值。在【粒子视图】中单击【出生 001】，设置【数量：100】→单击【速度 001】，在【方向】中设置【散度：80】，如图 2-3-117 所示。

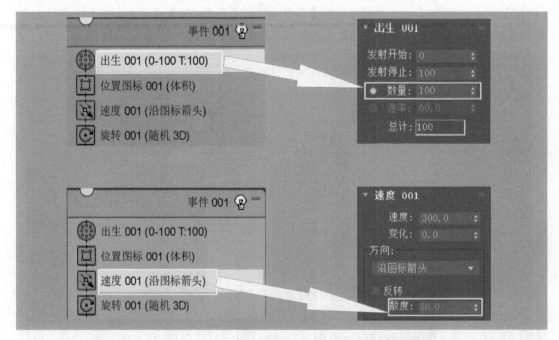

图 2-3-117

步骤 12　显示粒子。在【粒子视图】的【仓库】中选择【显示】→添加到【粒子视图】创建【事件 003】→用【事件 001】中的【繁殖 001】链接【事件 003】→单击【事件 003】的【显示 003】，设置粒子颜色为红色，如图 2-3-118 所示。

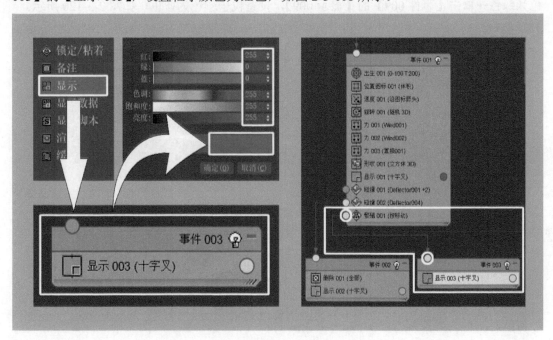

图 2-3-118

步骤 13 复制粒子。在【粒子视图】中框选【粒子流源 001】、【事件 001】、【事件 002】、【事件 003】→按住 Shift 键移动鼠标打开【克隆选项】→勾选【复制】→单击【确定】→复制得到【粒子流源 002】、【事件 004】、【事件 005】、【事件 006】→再次复制得到【粒子流源 003】、【事件 007】、【事件 008】、【事件 009】，如图 2-3-119 所示。

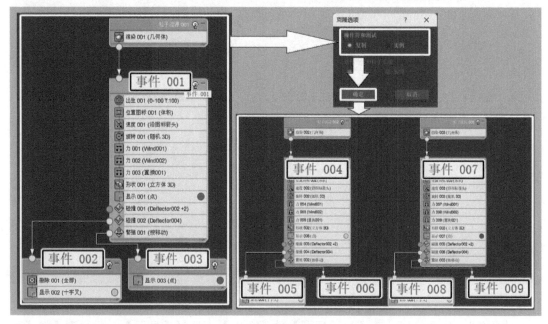

图 2-3-119

步骤 14 修改粒子。在【粒子视图】中单击【事件 006】的【显示 006】，设置粒子颜色为绿色→单击【事件 009】的【显示 009】，设置粒子颜色为蓝色，如图 2-3-120 所示。

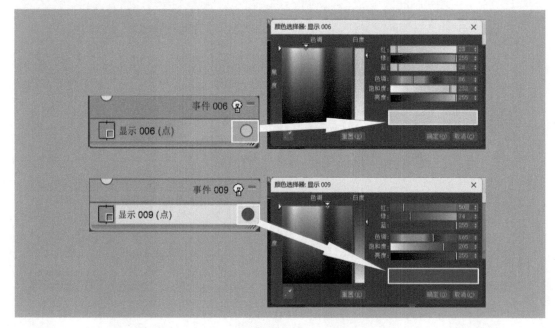

图 2-3-120

步骤 15　调整粒子发射器位置。选择粒子流源 002、粒子流源 003 的发射器图标，调整长度、宽度后，移动并旋转到如图 2-3-121 所示的空间位置→单击【播放动画】，查看粒子轨迹生成随机线的动画效果，完成案例制作。

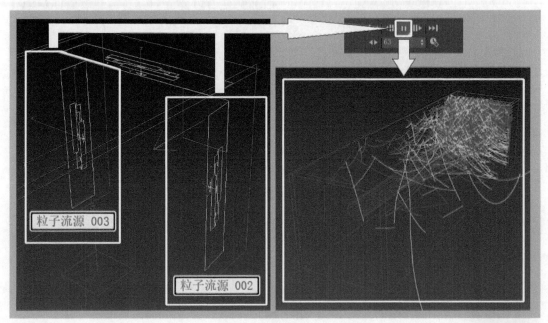

图 2-3-121

案例 21　杯子倒酒动画效果制作

步骤 1　创建粒子流源。打开【粒子视图】→在【仓库】中选择【标准流】→添加到【粒子视图】创建【粒子流源 001】和【事件 001】，如图 2-3-122 所示。

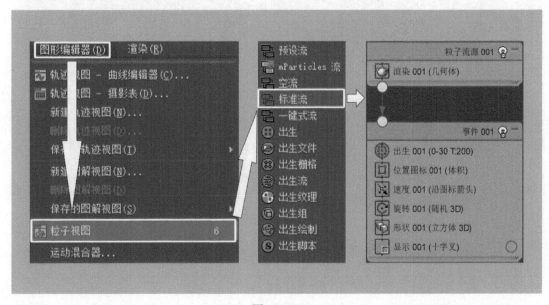

图 2-3-122

步骤 2 调整粒子流源。在场景视口中选中粒子流源 001 图标→使用【选择并旋转】和【角度捕捉切换】→绕 X 轴旋转 90°，如图 2-3-123 所示。

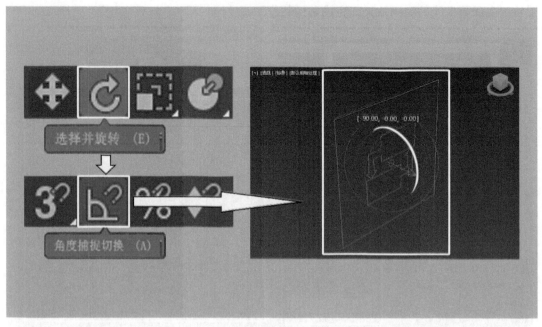

图 2-3-123

步骤 3 调整粒子显示。在【事件 001】中单击【显示 001】→设置【类型：几何体】，如图 2-3-124 所示。

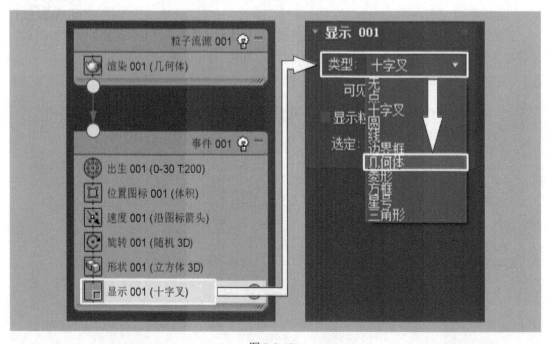

图 2-3-124

步骤 4 添加 mP 世界。打开【粒子视图】→在【仓库】中选择【mP 世界】→添加到【事件 001】→创建【mP World 001】，如图 2-3-125 所示。

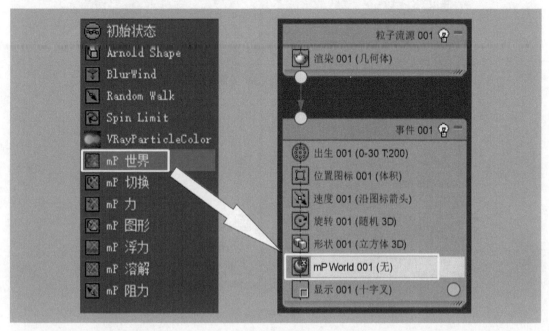

图 2-3-125

步骤 5　添加 mP 世界驱动。单击【mP World 001】→单击【创建新的驱动程序】→单击【mP World 003】的【=>】→选中 mP World 003，如图 2-3-126 所示。

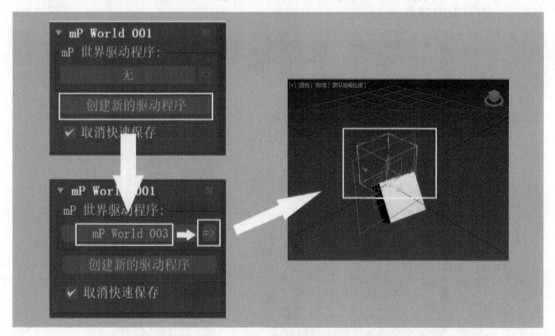

图 2-3-126

步骤 6　添加 mP 图形。在【仓库】中选择【mP 图形】→添加到【事件 001】→创建【mP 图形 001】，如图 2-3-127 所示。

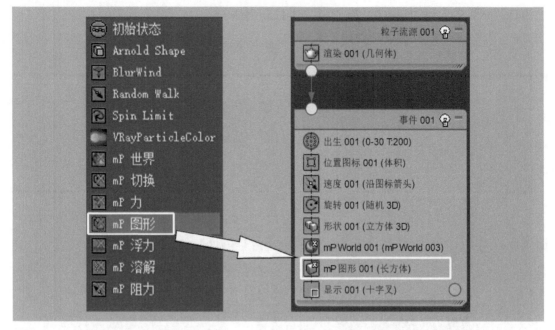

图 2-3-127

步骤 7　调节粒子分散。

方法①：在【事件 001】中单击【出生 001】，设置【数量：300】→选中【粒子流源 001】→在【命令面板】中选择【修改】→在【发射】中调整【长度】、【宽度】的数值分散粒子，如图 2-3-128 所示。

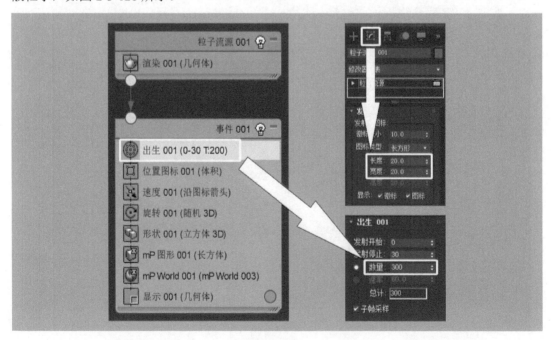

图 2-3-128

方法②：在【仓库】中选中【出生流】→添加到【事件 001】替换【出生 001】→创建【Birth

Stream 001】并单击→调整【分离】数值分散粒子，如图 2-3-129 所示。

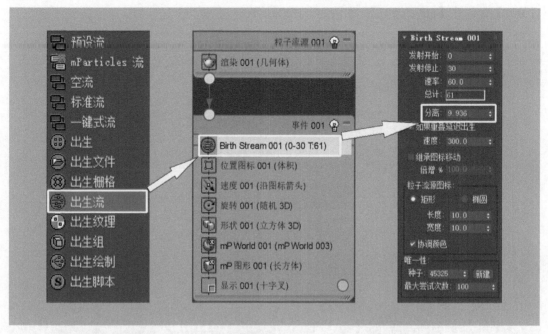

图 2-3-129

本案例使用方法②制作。

步骤 8　修改粒子形状。在场景视口中选中粒子流源 001 图标→使用【选择并移动】向上移动→打开【粒子视图】→在【事件 001】中单击【形状 001】，设置【3D：20 面球体】→单击【mP 图形 001】，设置【碰撞为：球体】，如图 2-3-130 所示。

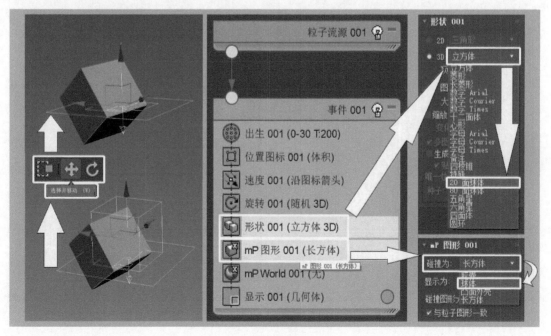

图 2-3-130

步骤 9　添加 mP 力。打开【粒子视图】→在【仓库】中选择【mP 力】→添加到【事件 001】→创建【mP 力 001】，如图 2-3-131 所示。

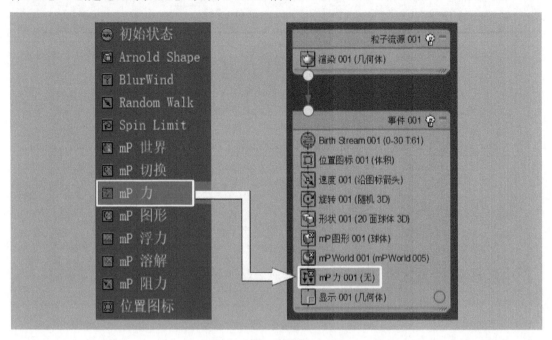

图 2-3-131

步骤 10　添加重力。在【命令面板】选择【创建】→在【空间扭曲】中单击【重力】→在场景视口中创建 Gravity001→打开【粒子视图】→在【事件 001】中单击【mP 力】→在【力空间扭曲】添加【Gravity001】并设置【力类型：重力】，如图 2-3-132 所示。

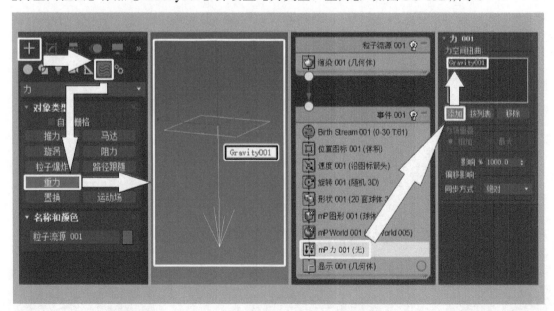

图 2-3-132

步骤 11　添加碰撞地面。在【事件 001】中单击【mP World 001】→单击【访问驱动程序参数】→打开【命令面板】选择【修改】→在【参数】中勾选【地面碰撞平面】，设置【地面反弹和摩擦力】的【恢复系数：0.5】、【静摩擦力：0.5】、【动摩擦力：0.5】，如图 2-3-133 所示。

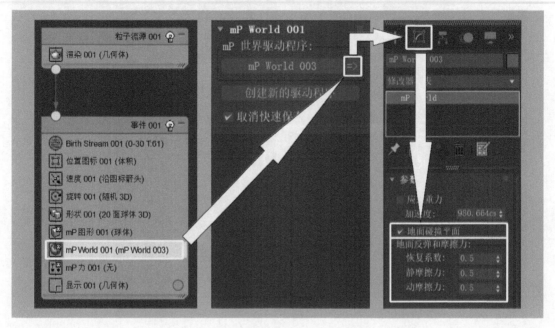

图 2-3-133

步骤 12　创建地面反弹效果。在【事件 001】中单击【mP 图形 001】→在【反弹和摩擦力】中设置【恢复系数：0.5】、【静摩擦力：0.5】、【动摩擦力：0.5】，如图 2-3-134 所示。

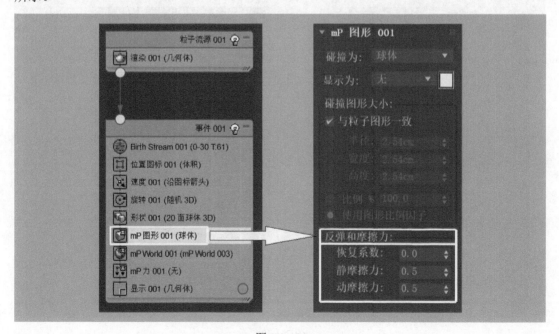

图 2-3-134

步骤 13　创建杯子模型。在【命令面板】中选择【创建】→在【图形】中选择【线】→在左视图中按住 Shift 键画出 L 的形状，得到 Line001，如图 2-3-135 所示。

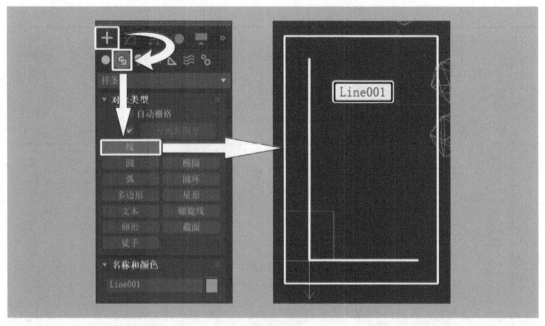

图 2-3-135

步骤 14　创建杯子轮廓。选中【Line001】→在【命令面板】中选择【修改】→在【Line】中单击选中【样条线】→在【几何体】中单击【轮廓】，调整数值达到预期效果，如图 2-3-136 所示。

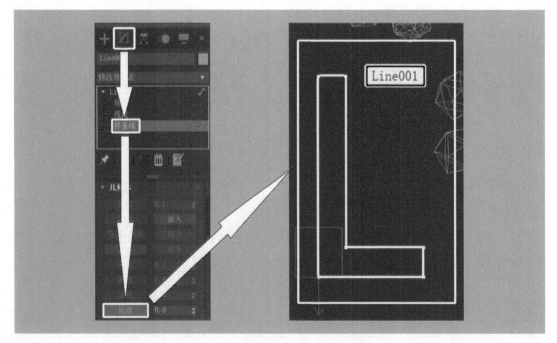

图 2-3-136

步骤 15 调整杯子轮廓的圆角。选中【Line001】→在【命令面板】中选择【修改】→在【Line】中单击【顶点】→在【几何体】中选择【圆角】→单击场景视口中的直角点，得到圆角效果，调节【圆角】的数值达到预期效果，如图 2-3-137 所示。

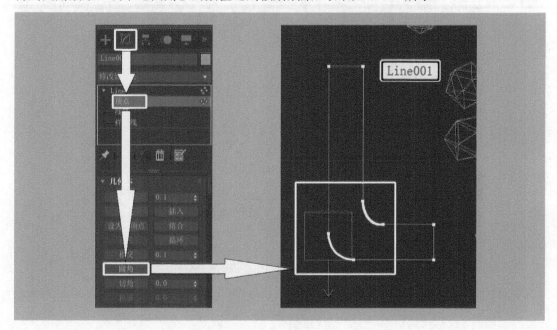

图 2-3-137

步骤 16 添加车削修改器。选中【Line001】→在【命令面板】中选择【修改】→打开【修改器列表】单击【车削】→在【参数】中勾选【焊接内核】，设置【对齐】为【最大】，如图 2-3-138 所示。

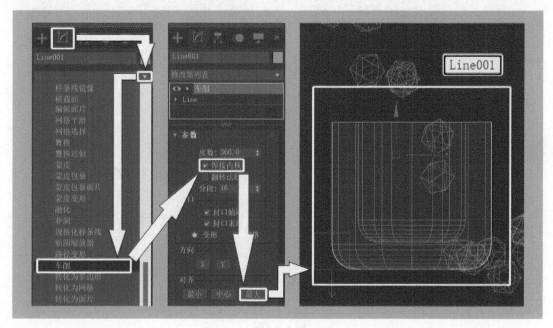

图 2-3-138

步骤 17　添加 mP 碰撞。打开【粒子视图】→在【仓库】中选择【mP 碰撞】→添加到【事件 001】→创建【mP 碰撞 001】，如图 2-3-139 所示。

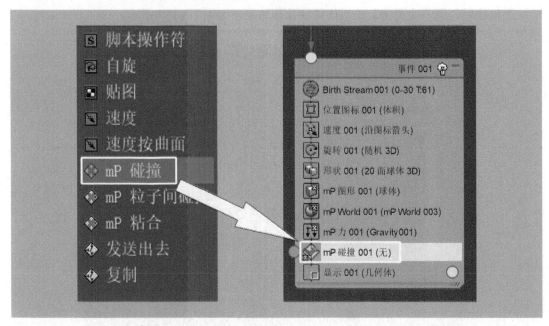

图 2-3-139

步骤 18　将杯子设置为导向器。选中【Line001】→在【命令面板】中选择【修改】→打开【修改器列表】单击【粒子流碰撞图形】→在【参数】中勾选【平滑曲面】，如图 2-3-140 所示。

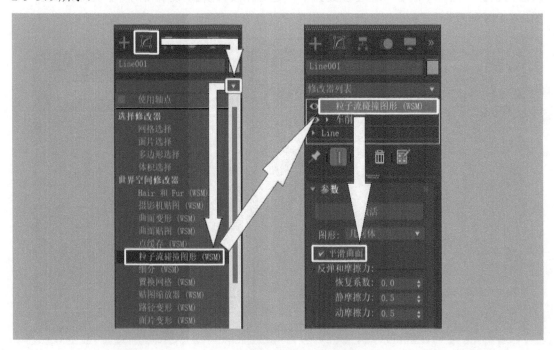

图 2-3-140

步骤 19　添加导向器。打开【粒子视图】→在【事件 001】中单击【mP 碰撞 001】→在【导向器】栏单击【添加】→在场景视口中单击 Line001→在【命令面板】中选择【修改】→在【参数】中单击【激活】→移动【时间滑块】可以看见初步的粒子倒出效果，如图 2-3-141 所示。

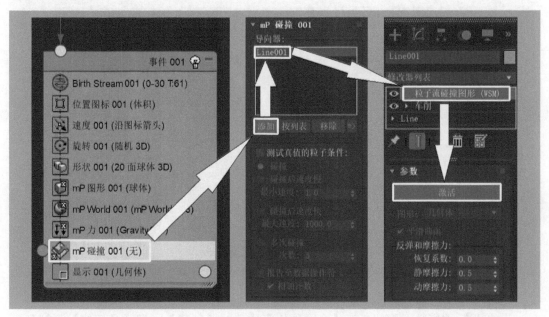

图 2-3-141

步骤 20　调节参数。单击【mP World 001】→单击【访问驱动程序参数】进入【修改】→在【高级参数】中设置【子帧因子：3】→可继续调整参数，实现粒子全部倒入杯子的动画效果，如图 2-3-142 所示。

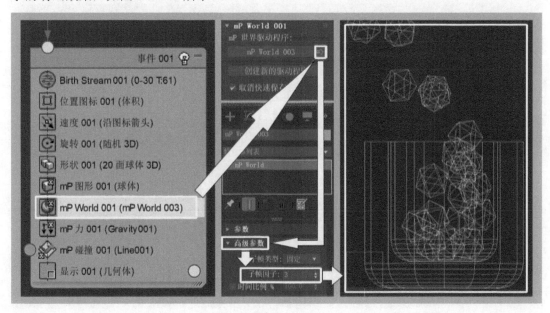

图 2-3-142

步骤 21 烘焙模拟。单击【mP World 001】→单击【访问驱动程序参数】进入【修改】→在【碰撞排除】中单击【缓存 / 烘焙模拟】→勾选【运行烘焙的模拟】,如图 2-3-143 所示。

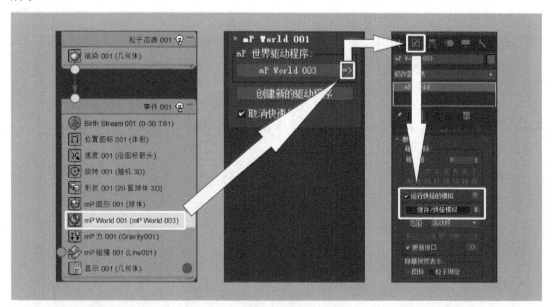

图 2-3-143

步骤 22 调整粒子形状。在【命令面板】中选择【创建】→在【几何体】下拉列表中选择【复合对象】→单击【水滴网络】并在场景视口中创建 BlobMesh001→在【命令面板】单击【修改】→在【水滴对象】单击【添加】→在资源列表中选中【粒子流引擎 001】的【粒子流源 001】→单击【添加水滴】,完成案例制作,如图 2-3-144 所示。

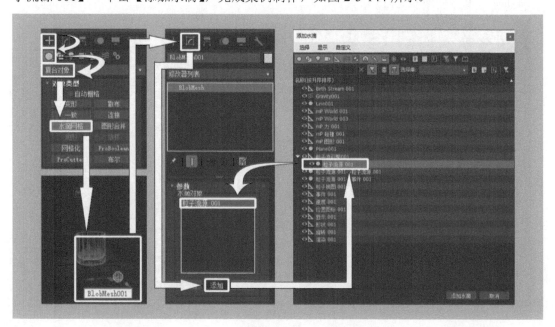

图 2-3-144

2.4　动力学动画案例制作

案例 22　铁球动画效果制作

步骤 1　在【菜单栏】中单击【动画】→选择【MassFX】将其放至操作区，如图 2-4-1 所示。

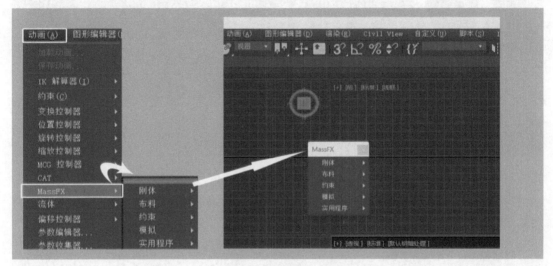

图 2-4-1

步骤 2　在【命令面板】中选择【创建】→选择【图形】单击【矩形】→在场景视口中创建 Rectangle001→设置【角半径：8.0】→单击【修改】→选择【渲染】→勾选【在渲染中启用】→勾选【在视口中启用】→勾选【使用视口设置】，如图 2-4-2、图 2-4-3 所示。

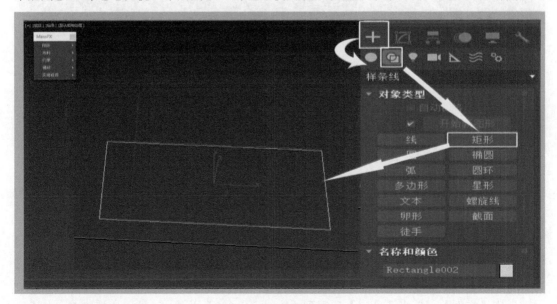

图 2-4-2

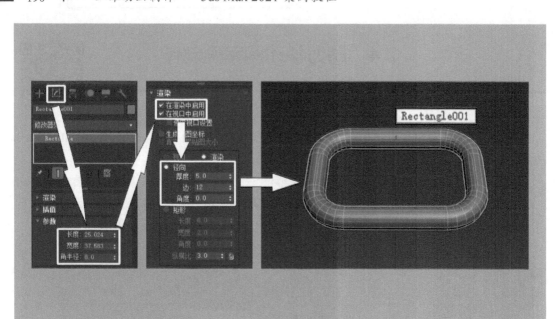

图 2-4-3

步骤 3　在【命令面板】中选择【修改】→将【Rectangle001】修改为红色→单击【确定】，如图 2-4-4 所示。

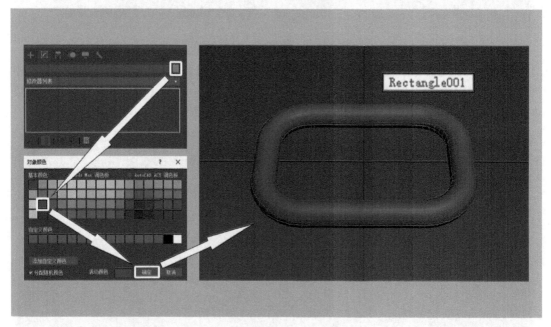

图 2-4-4

步骤 4　选中 Rectangle001→单击右键使用【克隆】工具→单击【实例】→单击【确定】后得到【Rectangle002】→选中 Rectangle002 使用快捷键 E 旋转→在【信息提示与状态栏】设置【X：45°】，使 Rectangle002 旋转 45°→选中 Rectangle002→单击右键使用【克隆】工具→单击【实例】→单击【确定】后得到【Rectangle003】并选中，使用快捷键 E→在【信息提示与状态栏】将 X 轴改为 −45°，让 Rectangle003 旋转 −45°，如图 2-4-5 所示。

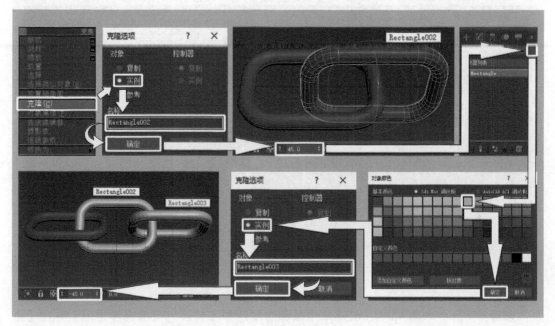

图 2-4-5

步骤 5　选中 Rectangle002 和 Rectangle003，向左复制 4 次，得到由相互嵌套的圆角矩形框组成的铁链，在【命令面板】中单击【创建】→选择【几何图形】→单击【圆环】→在场景视口中创建 Torus001 后摆放在铁链右侧位置，如图 2-4-6 所示。

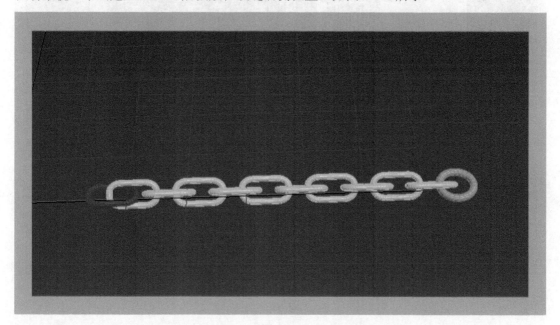

图 2-4-6

步骤 6　在【命令面板】中选择【创建】→在【标准基本体】中选择【球体】，摆放至如图 2-4-7 所示位置。

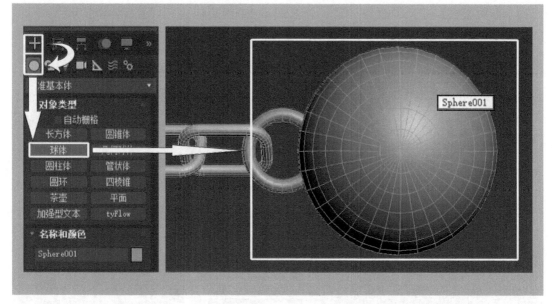

图 2-4-7

步骤 7　选中球体 Sphere001→单击鼠标右键选择【转换为可编辑多边形】→在【命令面板】中选择【修改】→在【选择】中选择【元素】→单击【附加】→在场景视口选中 Rectangle001 到 Rectangle008→单击右键选择【转换为可编辑多边形】，如图 2-4-8 所示。

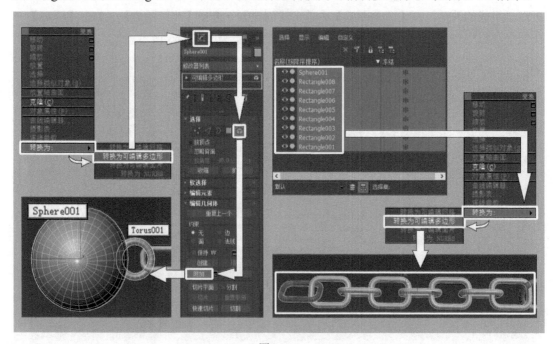

图 2-4-8

步骤 8　选中 Rectangle001→在【菜单栏】中选择【动画】→单击【MassFX】→选择【刚体】→单击【将选定项设置为静态刚体】→在【命令面板】选择【修改】→单击【物理图形】→设置【图形类型：凹面】单击【生成】，如图 2-4-9 所示。

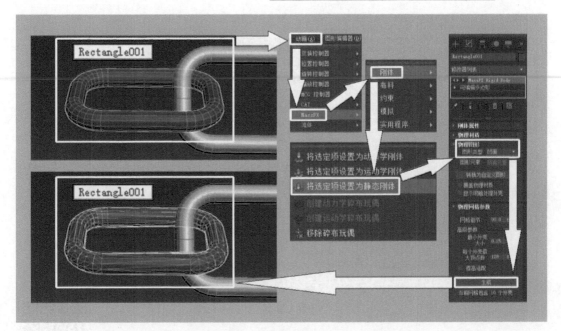

图 2-4-9

步骤 9　选中【Sphere001】、【Rectangle002】至【Rectangle008】→单击【MassFX】→选择【刚体】→单击【将选定项设置为动力学刚体】→在【命令面板】中选择【修改】→单击【物理图形】→设置【图形类型：凹面】，单击【生成】，如图 2-4-10 所示。

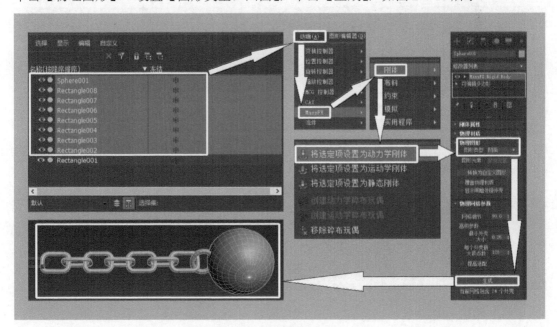

图 2-4-10

步骤 10　在【工具栏】中选择【动画】→打开【MassFX】→单击【实用程序】→单击【显示 MassFX 工具】→选择【模拟工具】→单击【模拟】→单击【播放】，完成案例制作，如图 2-4-11 所示。

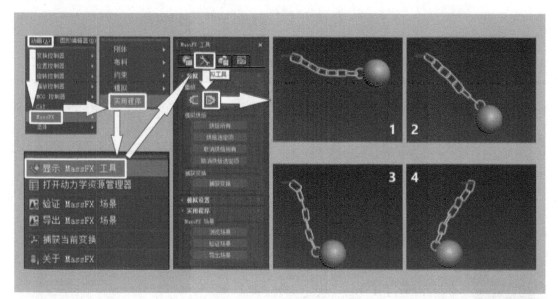

图 2-4-11

案例 23　物体受击坍塌动画效果制作

步骤 1　在【工具栏】中打开【角度捕捉切换】→在【命令面板中】中选择【创建】→在【对象类型】中单击【长方体】→在场景视口中创建 Box001，如图 2-4-12 所示。

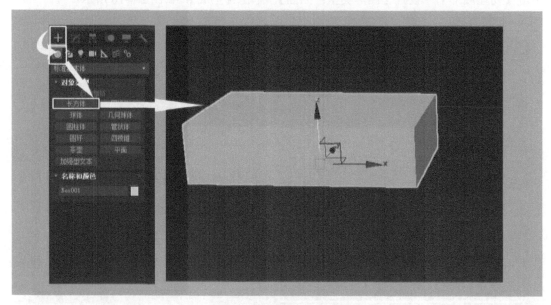

图 2-4-12

步骤 2　在【工具栏】中单击【选择并移动】→选中 Box001→按住 Shift 向右移动→在【克隆选项】单击【实例】→设置【副本数：14】→单击【确定】→在【工具栏】选择【矩形选择区域】→框选 Box001、Box002 至 Box014→长按 Shift 向上移动 Box001、Box002 至 Box014，在【克隆选项】单击【实例】→单击【确定】→框选 Box016、Box017 至 Box30→

在【工具栏】单击【选择并移动】→向左移动到合适的距离→在【工具栏】单击【矩形选择区域】→框选 Box001、Box002 至 Box030 后按住 Shift 键向上移动 Box001、Box002 至 Box30→在【克隆选项】单击【实例】设置【副本数：6】→单击【确定】，如图 2-4-13 所示。

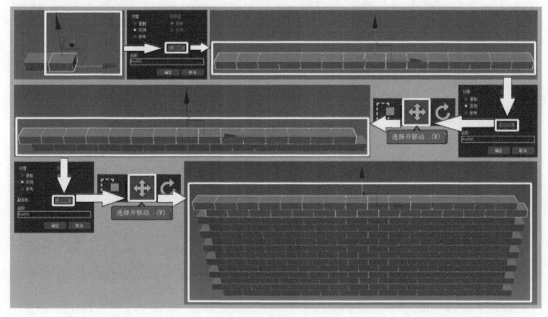

图 2-4-13

步骤 3　在【工具栏】中单击【矩形选择区域】→框选 Box001、Box002 至 Box210→在【工具栏】中单击【动画】→选择【MassFX】→单击【刚体】→选择【将选定对象设置为动力学刚体】，如图 2-4-14 所示。

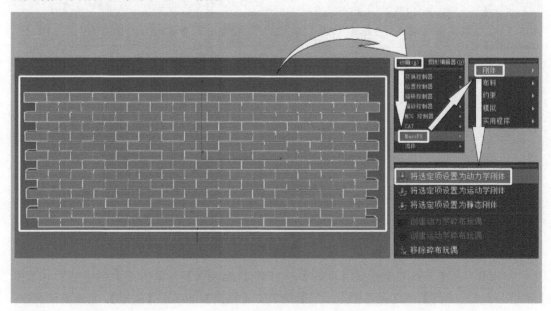

图 2-4-14

　　步骤 4　在【命令面板】中选择【创建】→在【标准基本体】中创建【球体】→在场景视口中创建 Sphere001→在【工具栏】单击【动画】→选择【MassFX】→单击【刚体】→选择【将选定对象设置为运动学刚体】，如图 2-4-15 所示。

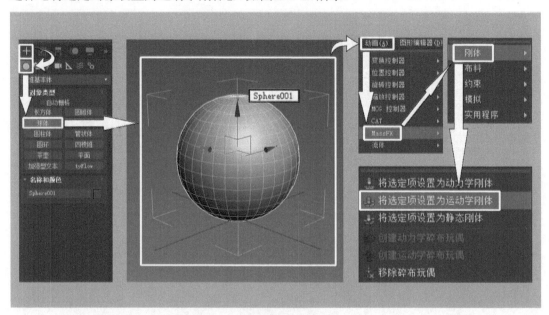

图 2-4-15

　　步骤 5　在【动画控制区】单击【自动】打开自动关键点→在【工具栏】中单击【选择并移动】→选中 Sphere001→在第 50 帧时将 Sphere001 移动至由 Box 搭建的砖墙模型之后，如图 2-4-16 所示。

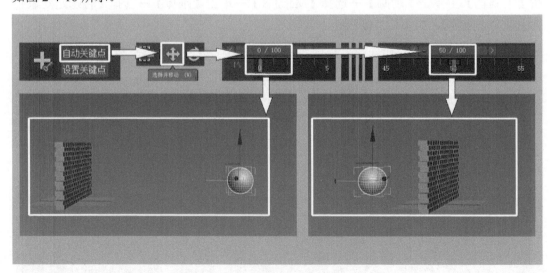

图 2-4-16

　　步骤 6　在【工具栏】选择【动画】→打开【MassFX】→单击【实用程序】→单击【显示 MassFX 工具】→选择【模拟工具】→单击【模拟】→单击【播放】，完成案例制作，如图 2-4-17 所示。

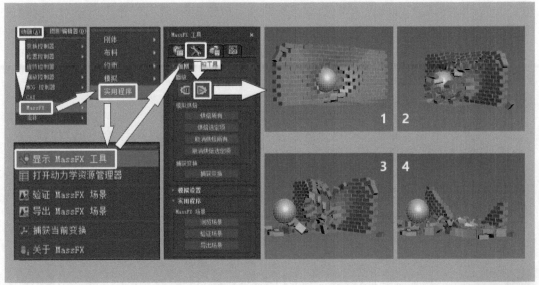

图 2-4-17

案例 24　硬币滑落动画效果制作

步骤 1　在【命令面板】中选择【创建】→在【标准基本体】中单击【平面】，在场景视口中创建 Plane001→单击【选择】→按住 Shift 键向上移动→复制得到 Plane002→在【工具栏】，单击【选择并旋转】将 Plane002 旋转 25°，如图 2-4-18 所示。

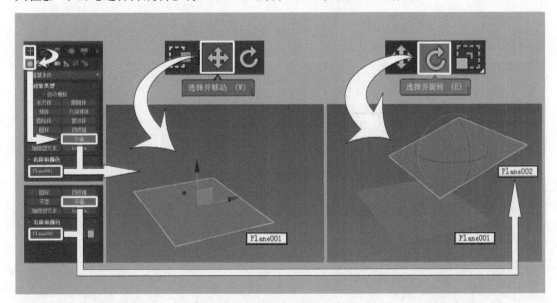

图 2-4-18

步骤 2　在【命令面板】中选择【创建】→在【标准基本体】中单击【圆柱体】→在场景视口中创建 Cylinder001→选中 Cylinder001 并长按 Shift 键向 Z 轴方向移动→打开【克隆选项】→勾选【复制】→设置【副本数：9】→单击【确定】，得到 10 个圆柱体，分别是 Cylinder001 至 Cylinder010→框选 10 个圆柱体，按住 Shift 键向 Y 轴方向移动，同理复制圆柱体→【副本数：6】→选中 Cylinder001、Cylinder002 至 Cylinder077→长按 Shift 键向 X 轴方向移动→同理，复制圆柱体→【副本数：6】→重复以上操作复制出大量的硬币模型，如图 2-4-19 所示。

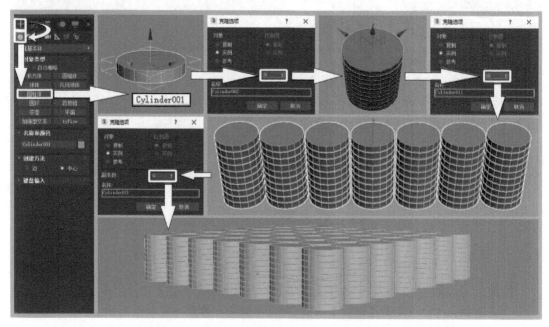

图 2-4-19

步骤 3　在【工具栏】中选择【选择并移动】，将所有硬币移动至 Plane002 上方，如图 2-4-20 所示。

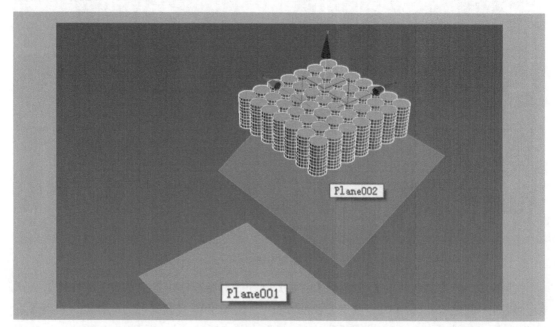

图 2-4-20

步骤4 选中所有圆柱体→在【工具栏】中选择【动画】→单击【MassFX】→选择【刚体】→单击【将选定对象设置为动力学刚体】→选中 Plane001、Plane002→在【工具栏】中选择【动画】→单击【MassFX】→选择【刚体】→单击【将选定对象设置为静态刚体】,如图 2-4-21 所示。

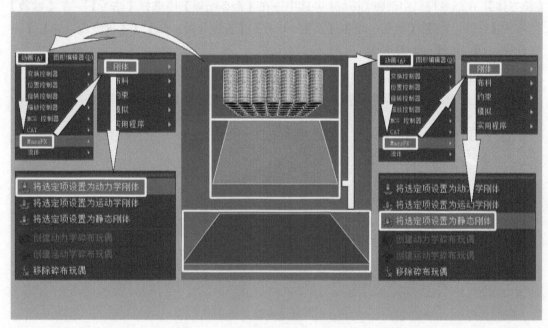

图 2-4-21

步骤5 在【工具栏】中选择【动画】→打开【MassFX】→单击【实用程序】→单击【显示 MassFX 工具】→选择【模拟工具】→单击【模拟】→单击【播放】,完成案例制作,如图 2-4-22 所示。

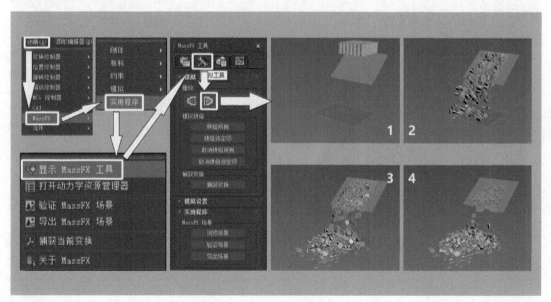

图 2-4-22

案例 25　布料模拟动画效果制作

步骤 1　在【命令面板】中选择【创建】→在【标准基本体】中单击【长方体】，在场景视口中创建 Box001 并选中→在【命令面板】中选择【修改】→在【参数】栏修改【长度：1.5】、【宽度：0.6】、【高度：0.01】、【长度分段：60】、【宽度分段：30】、【高度分段：1】，如图 2-4-23 所示。

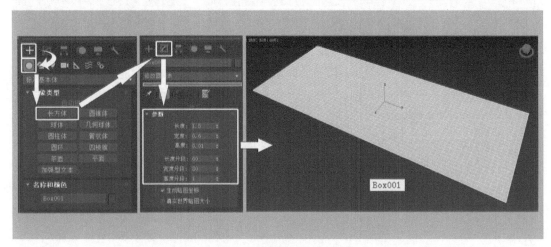

图 2-4-23

步骤 2　选中 Box001，单击右键选择【转换为：】→选择【转换为可编辑网格】→单击【修改】→选择【可编辑多边形】→选中长方体侧面中一个面→按住 Shift 键，单击与其相邻的面，增选至 Box001 的整个侧面变成如图 2-4-24 所示的样子。

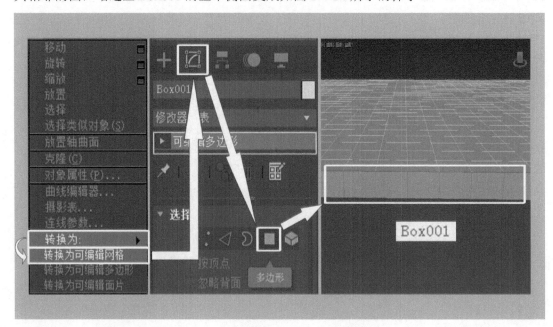

图 2-4-24

步骤 3 在【命令面板】中选择【修改】→在【选择】中单击【顶点】→在【编辑顶点】中单击【焊接】→设置【焊接阈值：0.1】→单击【√】→单击空白处取消选择→查看是否有未焊接上的地方→将未焊接上的地方选中，再次【焊接】且设置，如图 2-4-25 所示。

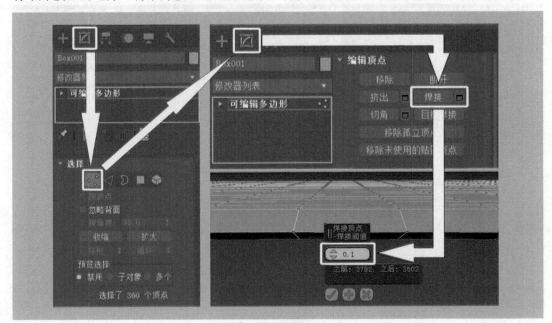

图 2-4-25

步骤 4 在【工具栏】中单击【修改器】→选择【布料】，在【修改】的【模拟参数】中设置【重力：0】→打开【对象属性】单击【Box001】→勾选【布料】→设置【压力：20】→单击【确定】，如图 2-4-26 所示。

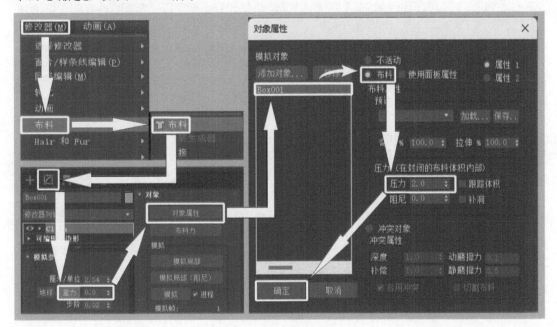

图 2-4-26

步骤5　在【命令面板】中选择【修改】→在【Cloth】中选择【模拟】，如图 2-4-27 所示。

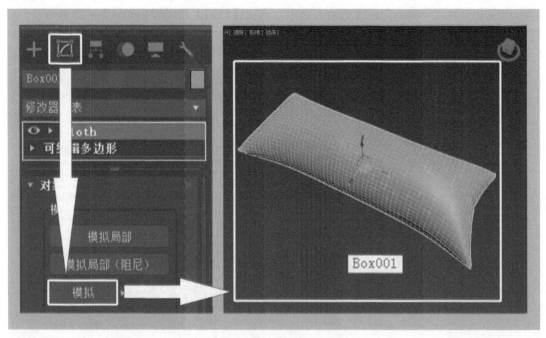

图 2-4-27

步骤6　在【命令面板】中单击【创建】→在【扩展基本体】中选择【切角长方体】→在场景视口中创建 ChamferBox001→在【命令面板】中选择【修改】→在【参数】栏设置【长度：150】、【宽度：90】、【高度：13】、【圆角：3】，如图 2-4-28 所示。

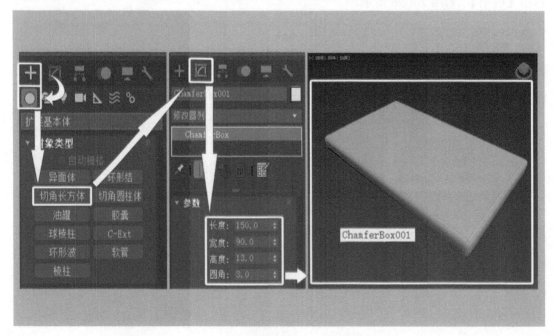

图 2-4-28

步骤 7　在【命令面板】中选择【创建】→在【标准基本体】中单击【平面】→在场景视口中创建 Plane001→在【命令面板】中选择【修改】→在【参数】栏设置【长度：200】、【宽度：100】、【长度分段：100】、【宽度分段：50】→调整 Plane001 至如图 2-4-29 所示的位置。

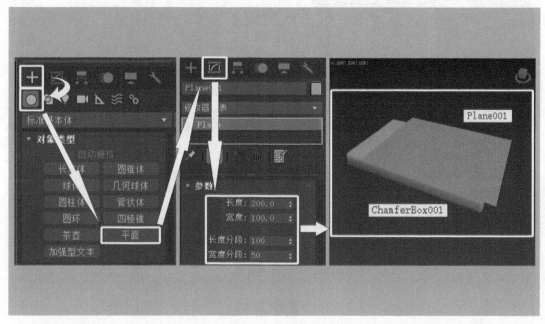

图 2-4-29

步骤 8　选中 Box001→在【工具栏】中使用【快速对齐】，调整至如图 2-4-30 所示的位置。

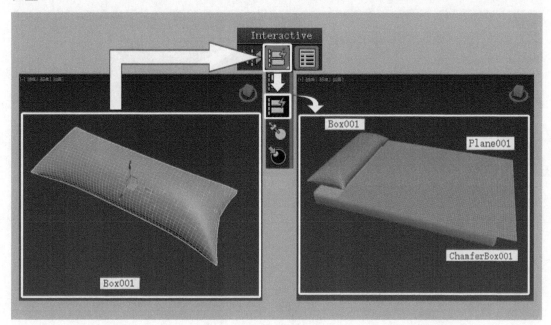

图 2-4-30

步骤 9   选中【Plane001】→在【工具栏】中选择【修改器】→单击【布料】，在【修改】的【对象】栏单击【对象属性】→单击【添加对象】→在【默认】中单击【ChamferBox001】→单击【添加】，如图 2-4-31 所示。

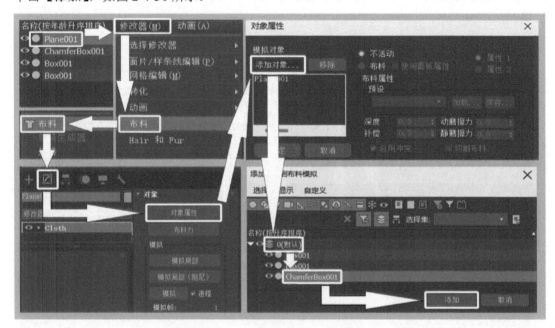

图 2-4-31

步骤 10   选中【对象属性】中的【ChamferBox001】→在【冲突对象】中勾选【启用冲突】→选中【对象属性】中的【Plane001】→勾选【布料】→在【工具栏】中选择【修改】→在【Cloth】中单击【模拟】，完成案例制作，如图 2-4-32 所示。

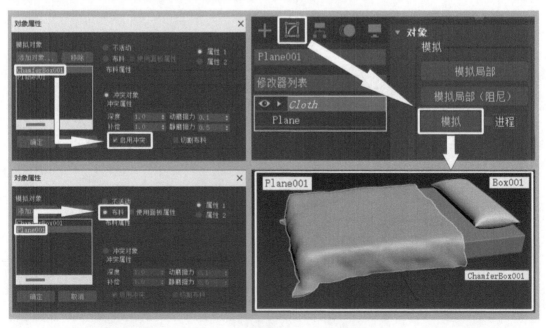

图 2-4-32

案例 26　布料运动、碰撞动画效果制作

步骤 1　在【命令面板】中选择【创建】→在【标准基本体】中选择
【长方体】→在场景视口创建 Box001→选中 Box001，在【命令面板】中选择【修改】→设置【参数】为【长度：1.5】、【宽度：0.6】、【高度：0.01】、【长度分段：60】、【宽度分段：30】、【高度分段：1】，如图 2-4-33 所示。

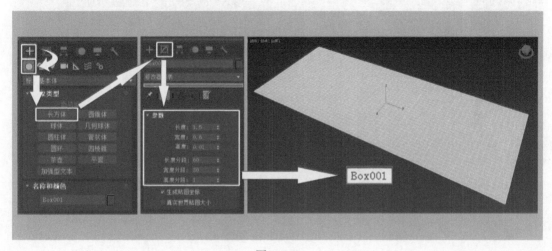

图 2-4-33

步骤 2　选中 Box001，单击右键选择【转换为：】→单击【转换为可编辑多边形】→在【修改】的【选择】栏单击【多边形】→单击长方体侧面的其中一个面，长按 Shift 键再次单击与其相邻的面，增选至 Box001 的整个侧面变成如图 2-4-34 所示的样子。

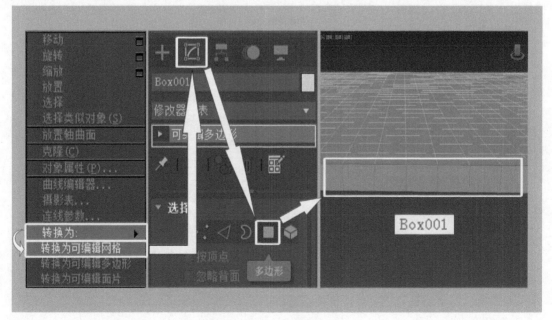

图 2-4-34

步骤3　在【工具栏】中选择【修改】→在【选择】中选择【顶点】→在【编辑顶点】中单击【焊接】→设置【焊接阈值：0.01】→单击【√】→单击空白处取消选择，查看是否有未焊接上的地方，将未焊接上的选中，单击【焊接】，如图 2-4-35 所示。

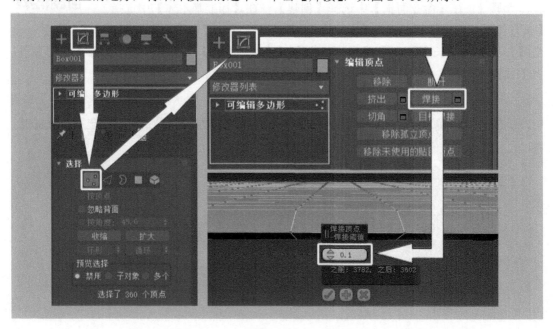

图 2-4-35

步骤4　在【工具栏】中选择【修改器】→单击【布料】→单击【修改】，设置【模拟参数】的【重力：0】→在【对象】中选择【对象属性】→选择【Box001】→勾选【布料】→设置【压力：20】，单击【确定】，如图 2-4-36 所示。

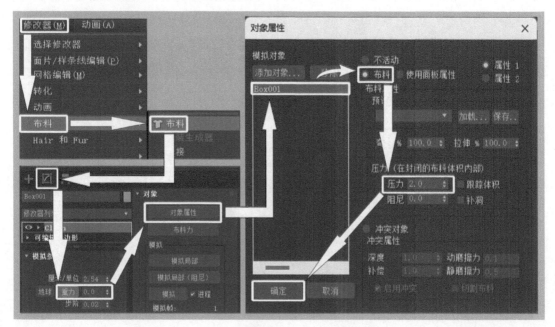

图 2-4-36

步骤 5　在【工具栏】中选择【修改】→在【Cloth】中选择【模拟】,如图 2-4-37 所示。

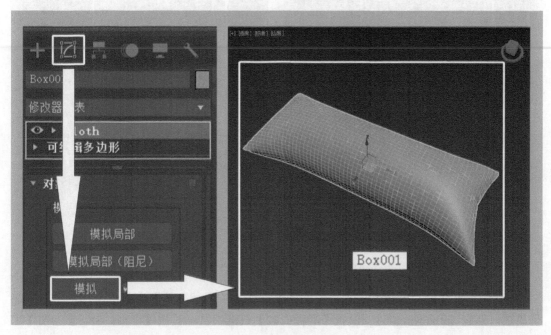

图 2-4-37

步骤 6　单击 Box001→单击右键选择【转换为:】→选择【转换为可编辑多边形】→在【工具栏】中选择【修改】→单击【多边形】→单击 L 键切换至侧视图→在【工具栏】中单击【矩形选择区域】框选如图 2-4-38 所示区域→单击 P 键返回透视图→观察 Box001 周围有无多选的情况→单击 Delete 键删除,最后得到如图 2-4-39 所示的效果。

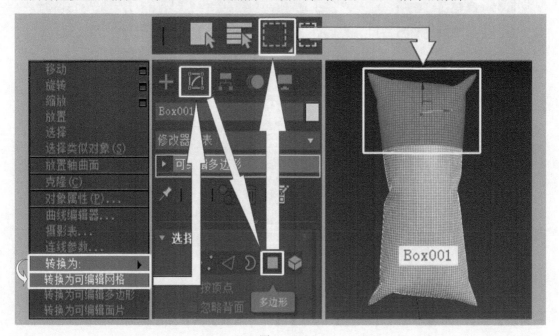

图 2-4-38

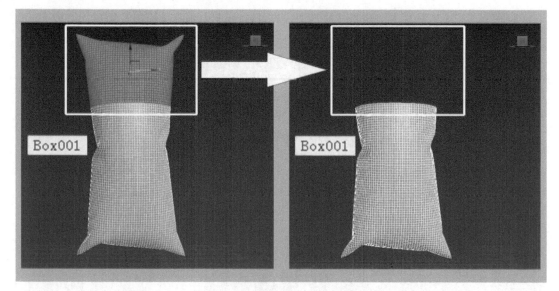

图 2-4-39

步骤 7　在【命令面板】中单击【创建】→在【扩展基本体】中单击【环形结】→在场景视口创建 Torus Knot001→设置【半径：12】或选中圆→设置【半径：38.5】→在【工具栏】中使用【快速对齐】→调整 Box001 至如图 2-4-40 所示的效果→在【命令面板】中单击【创建】→在【标准基本体】中选择【圆柱体】→使用快捷键 T 切换顶视图→创建 Cylinder001。

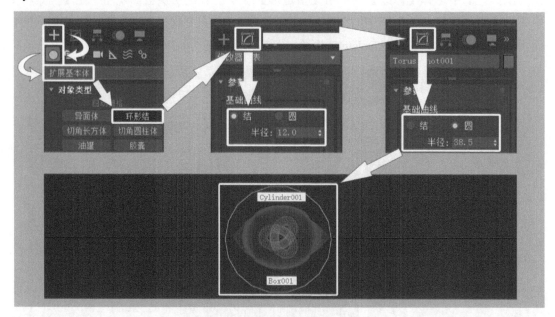

图 2-4-40

步骤 8　选中 Cylinder001→在【动画控制区】中单击【自动】打开自动关键点移动【时间滑块】至第 100 帧→在【工具栏】单击【选择并缩放】→长按左键向中心缩小→在【动画控制区】中单击【自动】关闭自动关键点→在【动画控制区】中单击【播放动画】检查

是否有问题，如图 2-4-41 所示。

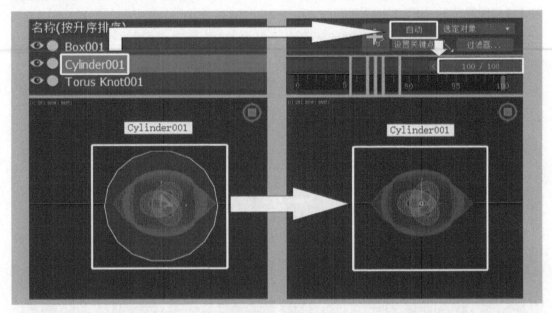

图 2-4-41

步骤 9 选中 Box001→单击右键打开【转换为：】→选择【转换为可编辑多边形】→在【工具栏】中单击【修改器】→单击【布料】→在【命令面板】中选择【修改】→在【Cloth】中单击【对象属性】单击【添加对象】→在【默认】中选择【Torus Knot001】→返回【对象属性】对话框→选择【对象属性】中的【Torus Knot001】→勾选【冲突对象】→单击【确定】，如图 2-4-42 所示。

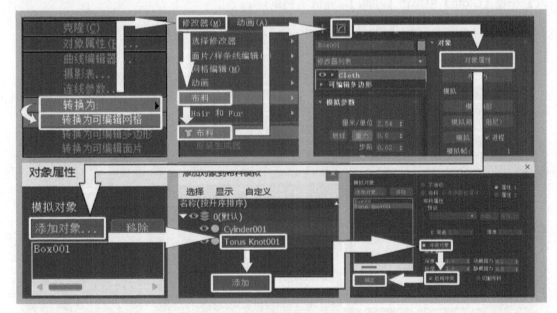

图 2-4-42

步骤 10 在【对象属性】中单击【添加对象】→在【默认】中选择【Cylinder001】→

单击【添加】→选择【对象属性】中的【Box001】和【Cylinder001】→单击【冲突对象】→勾选【启用冲突】，如图 2-4-43 所示。

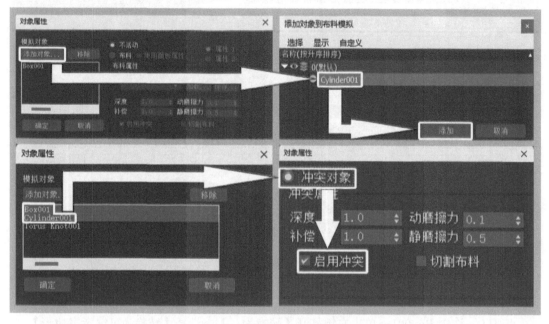

图 2-4-43

步骤 11　选择 Box001→打开【Cloth】修改器→使用快捷键 1 切换至点模式→在【工具栏】中单击【矩形选择区域】→框选如图 2-4-44 所示的顶点→在【组】栏选择【设定组】→单击【节点】→单击【Cylinder001】，使其节点到 Cylinder001→在【工具栏】中选择【修改】→在【Cloth】中单击【模拟】，完成案例制作。

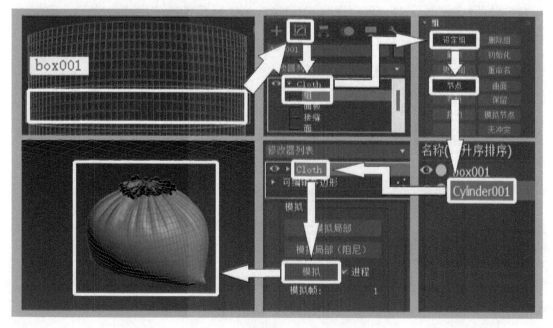

图 2-4-44

2.5　脚本动画案例制作

案例 27　脚本创建简单几何体

步骤1　单击【菜单栏】中的【脚本】→在下拉菜单中单击【MAXScript 侦听器】，如图 2-5-1 所示。

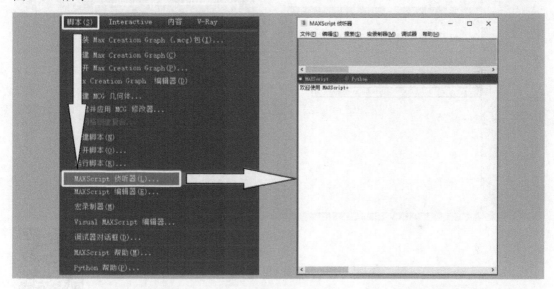

图 2-5-1

步骤2　在【MAXScript 侦听器】对话框中输入 Box() 按【回车】键→得到 $Box:Box001 @ [0.000000, 0.000000, 0.000000]，并在场景视口中创建 Box001，如图 2-5-2 所示。

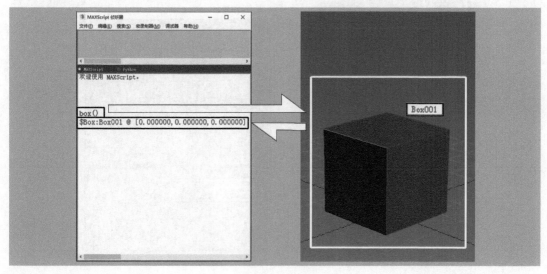

图 2-5-2

还可以输入 Sphere() 生成球体，Cylinder() 生成圆柱体，Teapot() 生成茶壶。

步骤 3　通过修改参数创建理想的几何体。输入 box length:15 width:10 height:20，按【回车】键得到 $Box:Box002 @ [0.000000, 0.000000, 0.000000]，并在场景视口中创建长为15、宽为 10、高为 20 的 Box002。box: 表示创建一个长方体，length: 表示设置长方体的长度，width：表示宽度，height: 表示高度，如图 2-5-3 所示。

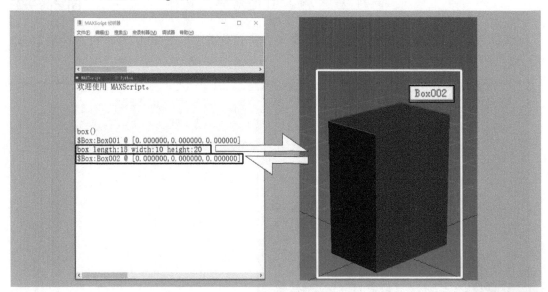

图 2-5-3

案例 28　脚本创建场景制作

步骤 1　在【菜单栏】中单击【自定义】→选择【单位设置 ...】→单击【通用单位】→单击【确定】，如图 2-5-4 所示。

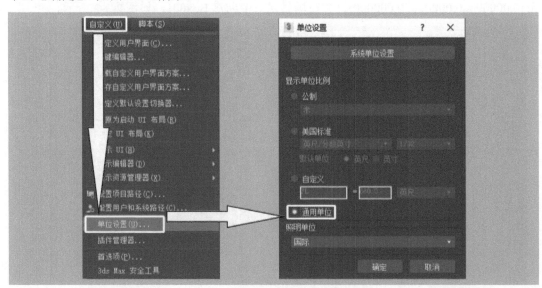

图 2-5-4

步骤 2　在【菜单栏】中选择【脚本】→打开【MAXScript 侦听器】或使用快捷键 F11，如图 2-5-5 所示。

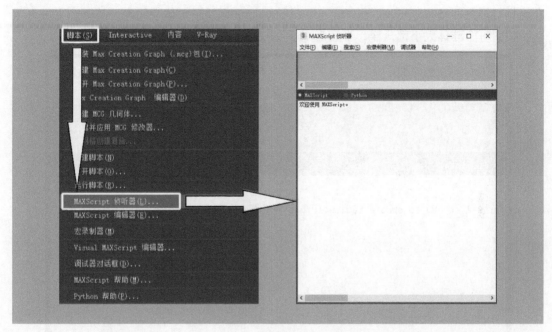

图 2-5-5

步骤 3　在【MAXScript 侦听器】对话框中使用快捷键 Ctrl＋A 全选对话框内容，再按 Delete 键清空对话框内容，如图 2-5-6 所示。

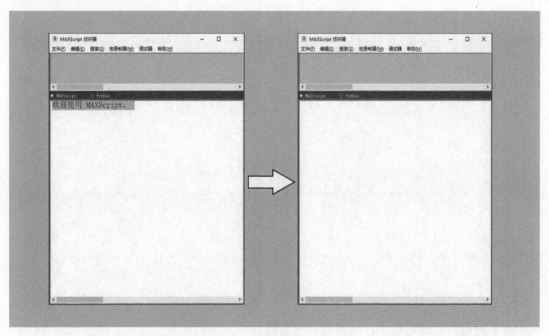

图 2-5-6

步骤 4　在【MAXScript 侦听器】对话框中输入 a=0，按【回车】键，在 a=0 的下一行会得到 0，在 0 的下一行输入 for a=1 to 500 do sphere radius:10 pos:(random [-500, -500, -500] [500, 500, 500])，按【回车】键，下一行会出现 OK，并在场景视口中创建 500 个小球随机分布在坐标范围为 [(-500，-500，-500)，(500，500，500)] 的正方体空间内，随机选中一个球体，检查每个球体大小都一样，半径为 10，如图 2-5-7、图 2-5-8 所示。

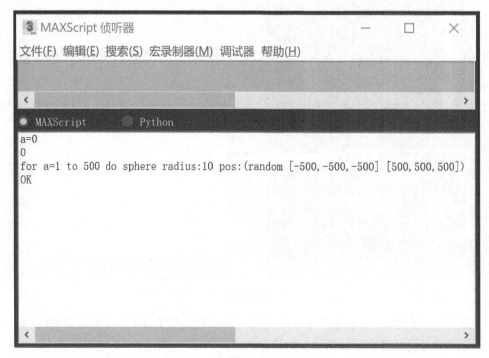

图 2-5-7

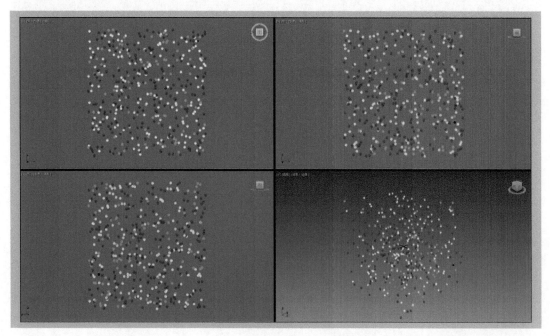

图 2-5-8

步骤 5　如果需要查看场景里的具体信息，在【菜单栏】中选择【文件】，单击【摘要信息】查看，如图 2-5-9 所示。

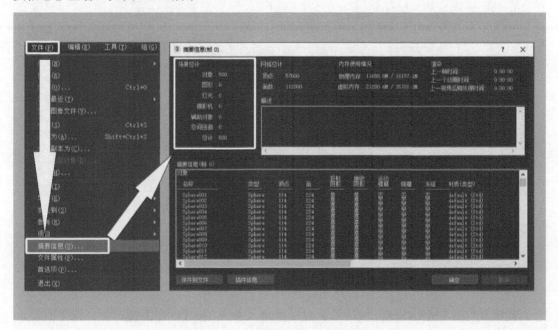

图 2-5-9

步骤 6　选中所有球体，回到【MAXScript 侦听器】对话框，单击 OK 下一行，输入 for a in selection do a. radius=random 5 20，按【回车】键，下一行会出现 OK，随机选中一个球体，检查球体的半径都在 5 到 20 之间随机取值，如图 2-5-10 所示。

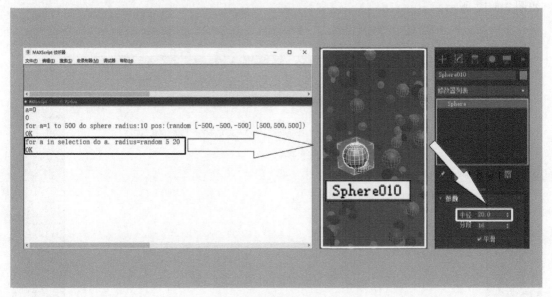

图 2-5-10

步骤 7　在 OK 下面一行，输入 select objects(选中所有球体)，按【回车】键，下一行会出现 OK，在 OK 下一行输入 for a in selection do a. segs=random 8 24，随机选中一个球体，检

查球体的分段都在 8 到 24 之间随机取值，如图 2-5-11 所示。

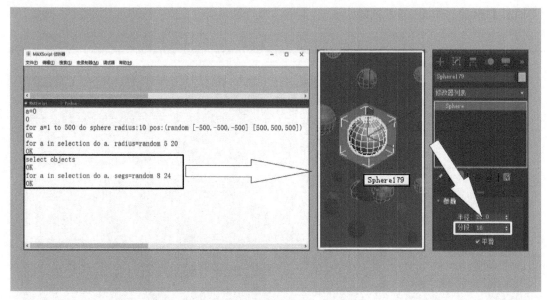

图 2-5-11

步骤 8　在【MAXScript 侦听器】对话框输入 3+3，按【回车】键，下一行会出现 6，输入 a="1 月 1 日 "(注意：英文模式下的引号)，按【回车】键，下一行会出现 "1 月 1 日 "，再按【回车】键，在下一行输入 b=" 春节 "，按【回车】键，下一行会出现 " 春节 "，按【回车】键，在下一行输入 a+b，按【回车】键，下一行会出现 "1 月 1 日春节 "。相当于简单的加减法，不局限于阿拉伯数字，输入的格式正确，就会将结果显示出来，完成案例制作，如图 2-5-12 所示。

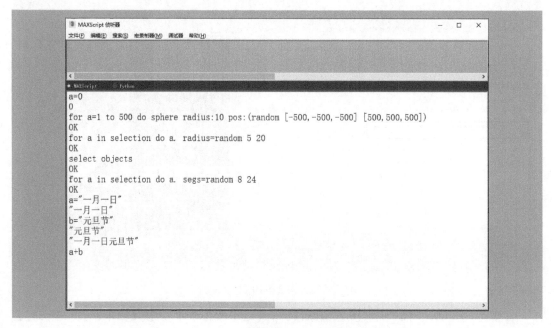

图 2-5-12

补充：随机赋值：random X Y

坐标赋值：[x，y，z]

颜色赋值：[ı，g，ʋ]

数值赋值：[a，b，c……n]

循环计算：x=x+1，x+=1

常用语句：if...then...else　条件判断语句

for...　　　　　循环语句

while...do...　判断语句

exit　　　　　退出

case of　　　　表达式

案例 29　脚本制作草坪摇摆动画效果

步骤 1　在【菜单栏】中选择【自定义】→在【单位设置】中选择【通用单位】，单击【确定】，如图 2-5-13 所示。

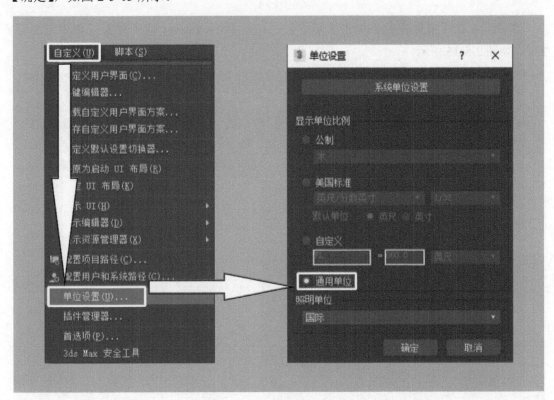

图 2-5-13

步骤 2　右键单击【播放动画】→打开【时间配置】→在选择【帧速率】中单击【PAL】→设置【结束时间：100】→单击【确定】，如图 2-5-14 所示。

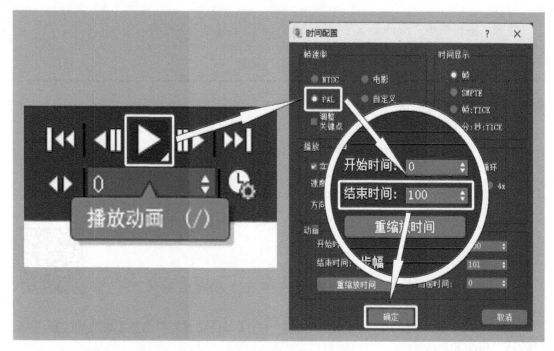

图 2-5-14

步骤 3　在【菜单栏】中单击【脚本】→打开【MAXScript 侦听器】或使用快捷键 F11，如图 2-5-15 所示。

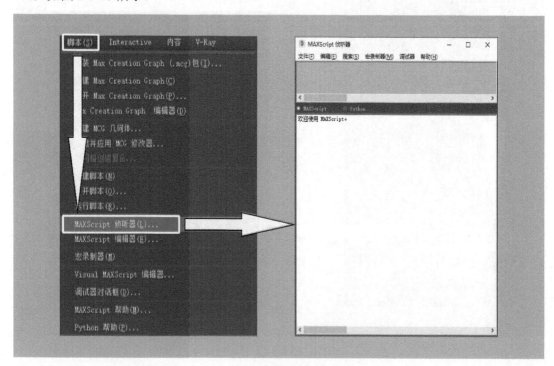

图 2-5-15

步骤 4　在【MAXScript 侦听器】对话框中使用快捷键 Ctrl＋A 全选对话框内容，再按

Delete 键清空对话框内容，如图 2-5-16 所示。

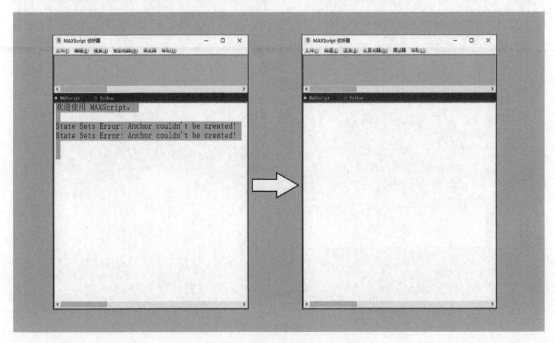

图 2-5-16

步骤 5　在【MAXScript 侦听器】对话框中输入 for a=1 to 1000 do box length:0.5 width:0.5 height: (random 20 50) wirecolor: green pos:[(random −150 150), (random −150 150), 0]，按【回车】键，下一行会出现 OK，在场景视口中创建 1000 个长和宽都为 0.5、高在 20 到 50 之间随机取值，颜色为绿色的长方体，且它们的坐标都在 [-150，-150，0] 到 [150，150，0] 的范围内，如图 2-5-17、图 2-5-18 所示。

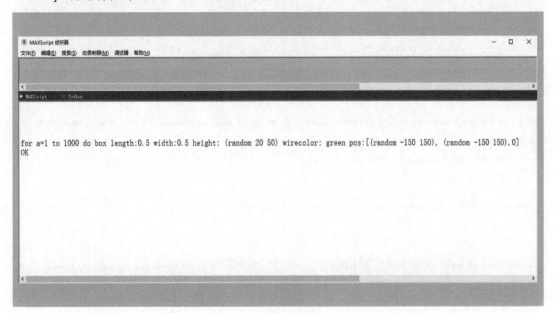

图 2-5-17

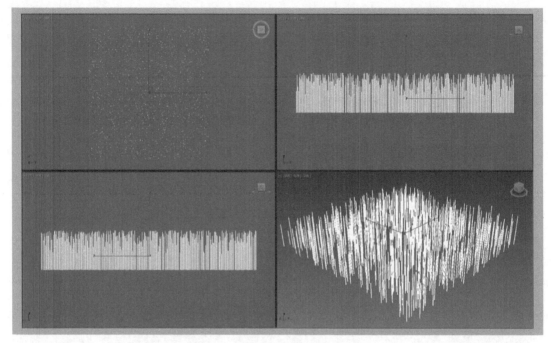

图 2-5-18

步骤 6 在 OK 的下一行输入 select objects，按【回车】键，下一行出现 OK，在场景视口中选中所有物体，在 OK 下一行输入 for a in selection do a. heightsegs=6，按【回车】键，下一行出现 OK，随机选中一个长方体，检查高度分段都为 6(在【命令面板】的【修改】中可查看)，如图 2-5-19、图 2-5-20 所示。

图 2-5-19

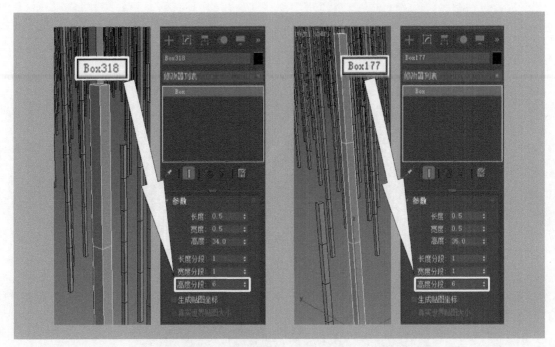

图 2-5-20

步骤 7　选中所有长方体，在【MAXScript 侦听器】对话框 OK 的下一行输入 for a in selection do addmodifier a (bend angle: (random 10 90) direction: (random 0 360))，按【回车】键，下一行出现 OK，为场景视口中所有长方体添加【弯曲】修改器，随机选中一个长方体，检查弯曲角度都在 10° 到 90° 之间，弯曲方向在 0° 到 360° 之间 (在【命令面板】的【修改】中可查看)，如图 2-5-21、图 2-5-22 所示。

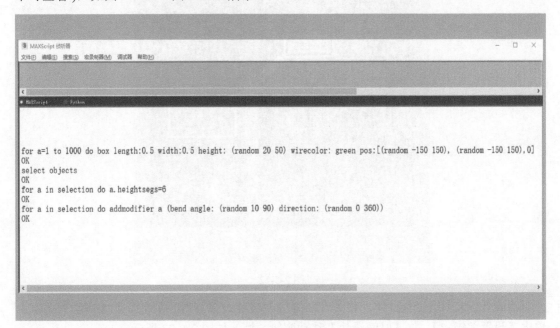

图 2-5-21

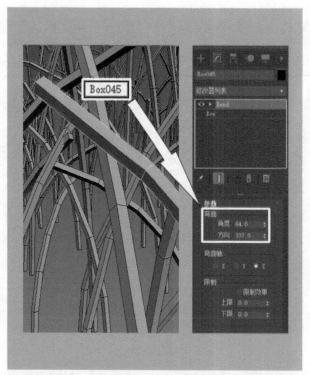

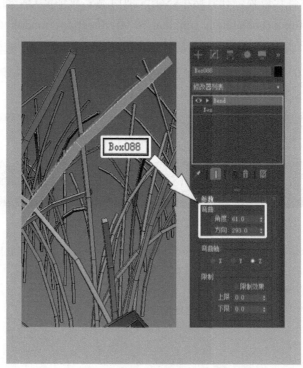

图 2-5-22

步骤 8　选中所有长方体，将【时间滑块】移动到第 0 帧，单击打开【自动关键点】，单击【设置关键点】，将【时间滑块】移动到第 5 帧，如图 2-5-23 所示。

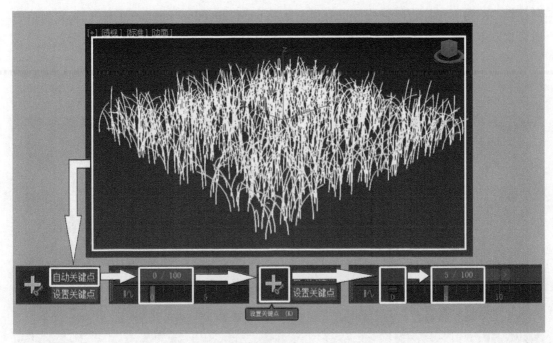

图 2-5-23

步骤 9 选中所有长方体,在【MAXScript 侦听器】对话框中 OK 的下一行输入 for a in selection do a.bend. angle=random 10 90,按【回车】键,场景视口中所有长方体会重新对【弯曲】修改器的角度随机取值,下一行会出现 OK,移动【时间滑块】,长方体会有弯曲方向和角度变化的动画效果,如图 2-5-24 所示。

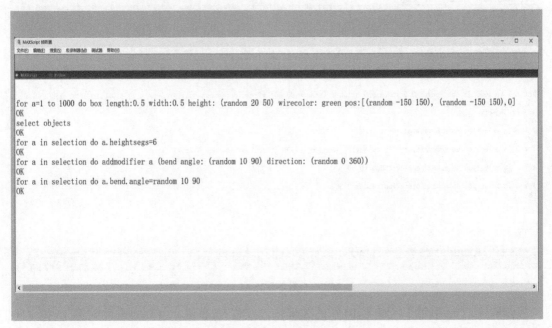

图 2-5-24

步骤 10 选中所有长方体,将【时间滑块】移动到第 10 帧,在【MAXScript 侦听器】

对话框 OK 的下一行输入 for a in selection do a.bend. direction=random 0 360，场景视口中所有长方体会重新对【弯曲】修改器的方向随机取值，如图 2-5-25、图 2-5-26 所示。

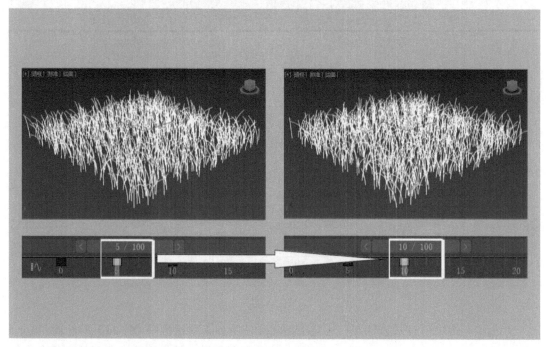

图 2-5-25

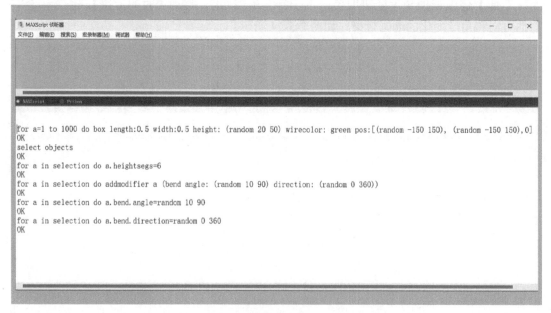

图 2-5-26

步骤 11　选中第 5 帧和第 10 帧的关键帧，按住 Shift 键，复制并移动到第 15 帧至第 20 帧处，选中 0～20 帧的关键帧，重复上述动作，按住 Shift 键，复制并移动到第 25 帧至第 45 帧处，选中 0～45 帧的关键帧，按住 Shift 键，将第 0 帧复制到第 50 帧处，选中第 5～50 帧，按住 Shift 键，复制移动到第 55 帧处，这时从第 0 帧到第 100 帧，每隔 5 帧都有一个关键帧。

步骤 12　单击关闭【自动关键点】，使用快捷键【/】或单击【播放动画】播放视口动画，如图 2-5-27 所示。

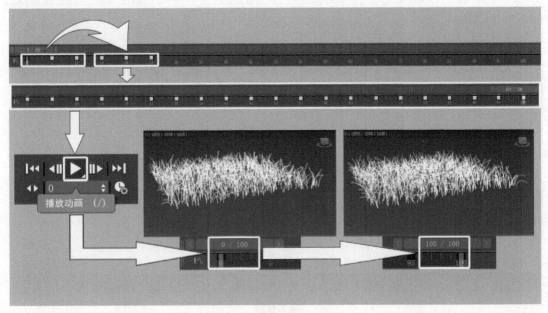

图 2-5-27

步骤 13　选中所有长方体，在【MAXScript 侦听器】对话框 OK 的下一行输入 for a in selection do a.wirecolor= (color 0 (random 30 210) 0)，按【回车】键，长方体的颜色发生了变化，下一行出现 OK，如图 2-5-28 所示。

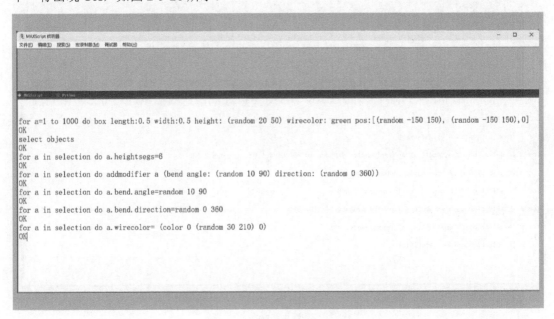

图 2-5-28

步骤 14　选中所有长方体，在【MAXScript 侦听器】对话框 OK 的下一行输入 for a in selection do addmodifier a (taper amount:-1)，按【回车】键，为场景视口中所有长方体添加【锥化】修改器并设置【锥化数量：-1】，长方体上部变尖，下一行出现 OK，如图 2-5-29 所示。

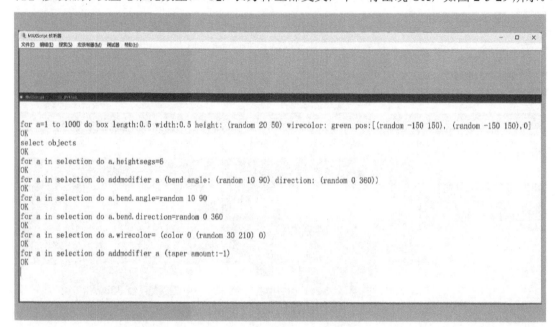

图 2-5-29

步骤 15　选中所有长方体，在【MAXScript 侦听器】对话框中 OK 的下一行输入 for a in selection do deletemodifier a 1，按【回车】键，为被选中的长方体删除排序第一的修改器，下一行出现 OK，完成案例制作，如图 2-5-30 所示。

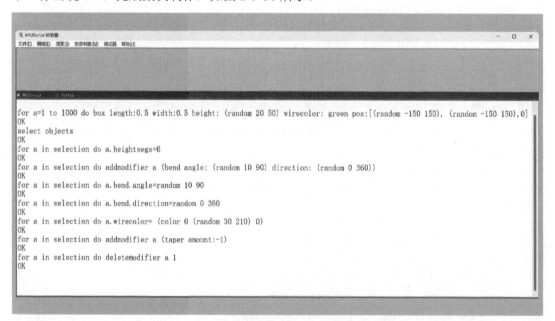

图 2-5-30

案例 30　脚本制作随机、规律运动动画效果

步骤 1　在【菜单栏】中选择【自定义】，在【单位设置 …】中选择【通用单位】，单击【确定】，如图 2-5-31 所示。

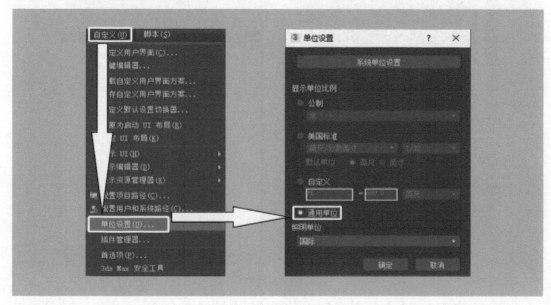

图 2-5-31

步骤 2　右键单击【播放动画】，打开【时间配置】→在【帧速率】中单击【PAL】→设置【结束时间：100】，单击【确定】，如图 2-5-32 所示。

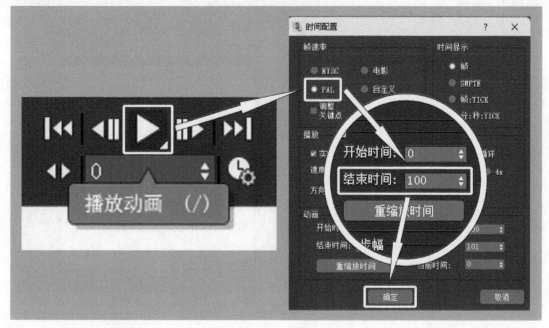

图 2-5-32

步骤 3 在【菜单栏】中选择【脚本】→单击【MAXScript 侦听器】或使用快捷键 F11，如图 2-5-33 所示。

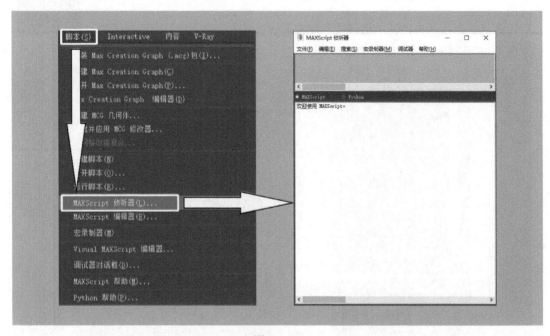

图 2-5-33

步骤 4 在【MAXScript 侦听器】对话框中使用快捷键 Ctrl + A，全选对话框中内容再按 Delete 键清除对话框中内容，如图 2-5-34 所示。

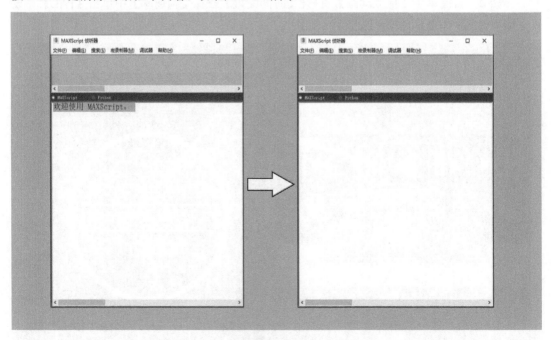

图 2-5-34

步骤 5 在【MAXScript 侦听器】对话框中输入 a=box length:40 width:40 height:3，按

【回车】键，下一行会出现 $box:box001 @ [0.000000, 0.000000, 0.000000]，场景视口中会出现一个高为 3、长度和宽度为 40 的长方体，如图 2-5-35 所示。

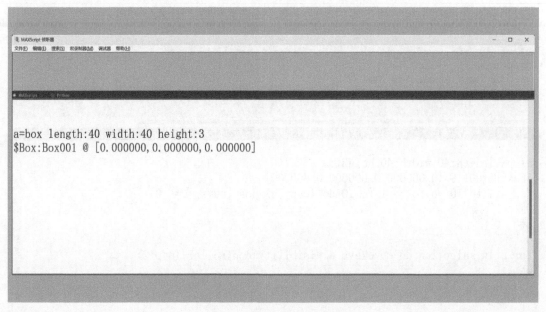

图 2-5-35

步骤 6　在【MAXScript 侦听器】对话框的 $box:box001 @ [0.000000, 0.000000, 0.000000] 的下一行输入 for x=1 to 10 do for y=1 to 10 do (copy a).pos=[40*x, 40*y, 0]，按【回车】键确定。单击打开【自动关键点】→在第 0 帧时选中【Box001】→单击右键选择【对象属性】→设置 Box001 的【可见性：0】→在第 3 帧设置 Box001 的【可见性：1】，如图 2-5-36 所示。

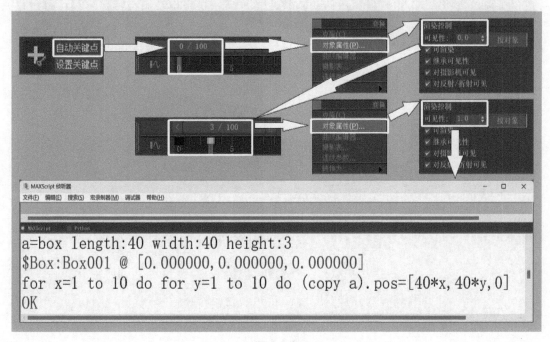

图 2-5-36

步骤 7　在【MAXScript 侦听器】对话框 OK 的下一行输入 p=0，按【回车】键，得到回复 0，再输入 for a in selection do movekeys a.visibility.controller (p=p+2)，按【回车】键，可以得到 Box 模型地板规律出现的动画效果，如图 2-5-37、图 2-5-38 所示。

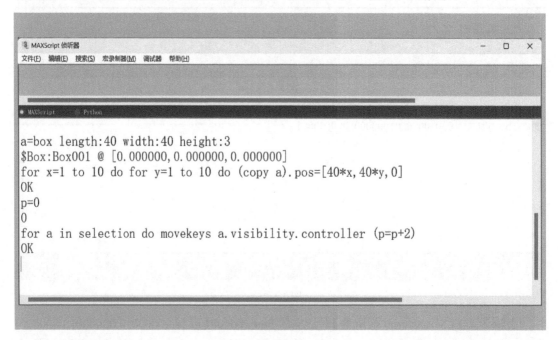

图 2-5-37

图 2-5-38

步骤 8　在【MAXScript 侦听器】对话框 OK 文本的下一行输入 r=0，按【回车】键，得到回复 0，输入 for a in selection do movekeys a.visibility.controller (random 0 100)，按【回车】键，可以得到地板随机出现的动画效果，如图 2-5-39、图 2-2-40 所示。

```
a=box length:40 width:40 height:3
$Box:Box102 @ [0.000000, 0.000000, 0.000000]
for x=1 to 10 do for y=1 to 10 do (copy a).pos=[40*x, 40*y, 0]
OK
p=0
0
for a in selection do movekeys a.visibility.controller (p=p+2)
OK
r=0
0
for a in selection do movekeys a.visibility.controller (random 0 100)
OK
```

图 2-5-39

图 2-5-40

步骤9　复制步骤7的脚本语句，得到一个规律的逐个出现的动画→将关键点移动到第5帧，全选所有的 Box，并旋转180°。在打开脚本侦听器中输入 x=0，按【回车】键，得到回复 0，输入 for a in selection do movekeys a.rotation.controller (x=x+2)，按【回车】键确定，得到一个规律旋转显示的动画，如图 2-5-41、图 2-5-42 所示。

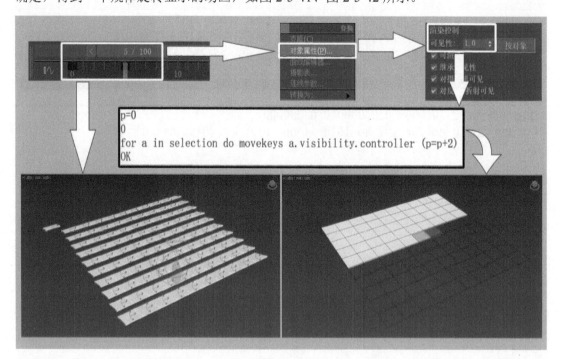

图 2-5-41

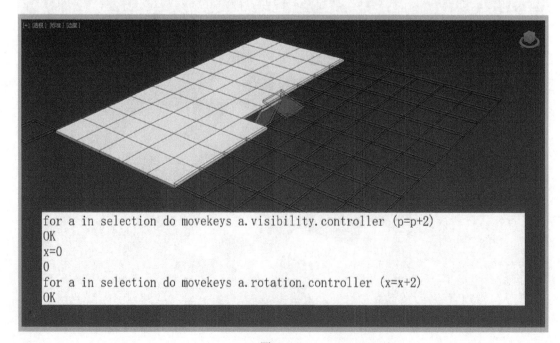

图 2-5-42

步骤 10　单击【播放】或使用快捷键 /，动画效果预览，完成案例制作，如图 2-5-43 所示。

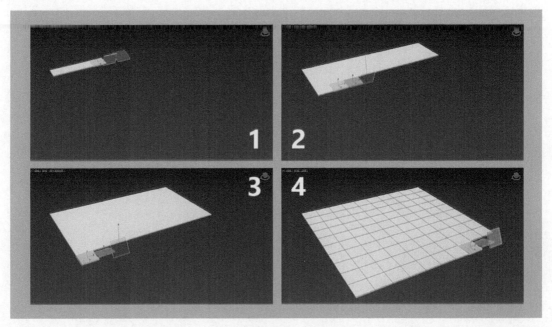

图 2-5-43